西洋参开花期植株

西洋参展叶期

西洋参绿果期

西洋参苇帘双
透大棚种植

1

黄果人参果实

红果人参果实

橙果人参果实

人参6年生植株

2

西洋参黑色遮阴
网双透大棚种植

人参单透光畦拱棚

西洋参播种

西洋参1年生植株

起参作货

收获的西洋参

刷洗西洋参

高温烘干室

4

建设新农村农产品标准化生产丛书

西洋参标准化生产技术

主 编

赵亚会

编著者

赵亚会　吴连举　尤　伟　张亚玉

郭　靖　关一鸣　蓬世海　魏云洁

孔祥义　王艳艳

金盾出版社

内 容 提 要

　　本书由中国农业科学院特产研究所专家编著。内容包括：中药材标准化生产的概念和意义，西洋参标准化生产的品种选择，西洋参标准化生产的播种与育苗，西洋参标准化生产的田间管理，西洋参标准化生产的施肥技术，西洋参标准化生产的病、虫、鼠害防治，西洋参标准化生产的采收、加工与贮藏，西洋参标准化生产的产品及质量标准。内容丰富、通俗易懂、技术先进、可操作性与科学性强，适合农村中草药种植户及专业技术人员阅读，亦可供农业院校师生、科研和标准化管理者参考。

图书在版编目(CIP)数据

　　西洋参标准化生产技术/赵亚会主编 . —北京：金盾出版社,2008.12
　　(建设新农村农产品标准化生产丛书)
　　ISBN 978-7-5082-5395-4

　　Ⅰ. 西…　Ⅱ. 赵…　Ⅲ. 西洋参-栽培-标准化　Ⅳ. S567.5

　　中国版本图书馆 CIP 数据核字(2008)第 146908 号

金盾出版社出版、总发行

北京太平路 5 号(地铁万寿路站往南)
邮政编码:100036　电话:68214039　83219215
传真:68276683　网址:www.jdcbs.cn
封面印刷:北京印刷一厂
彩页正文印刷:北京天宇星印刷厂
装订:北京天宇星印刷厂
各地新华书店经销
开本:787×1092 1/32　印张:5.625　彩页:4　字数:118 千字
2008 年 12 月第 1 版第 1 次印刷
印数:1—8000 册　定价:10.00 元

(凡购买金盾出版社的图书,如有缺页、
倒页、脱页者,本社发行部负责调换)

序　言

　　随着改革开放的不断深入,我国的农业生产和农村经济得到了迅速发展。农产品的不断丰富,不仅保障了人民生活水平持续提高对农产品的需求,也为农产品的出口创汇创造了条件。然而,在我国农业生产的发展进程中,亦未能避开一些发达国家曾经走过的弯路,即在农产品数量持续增长的同时,农产品的质量和安全相对被忽略,使之成为制约农业生产持续发展的突出问题。因此,必须建立农产品标准化体系,并通过示范加以推广。

　　农产品标准化体系的建立、示范、推广和实施,是农业结构战略性调整的一项基础工作。实施农产品标准化生产,是农产品质量与安全的技术保证,是节约农业资源、减少农业面源污染的有效途径,是品牌农业和农业产业化发展的必然要求,也是农产品国际贸易和农业国际技术合作的基础。因此,也是我国农业可持续发展和农民增产增收的必由之路。

　　为了配合农产品标准化体系的建立和推广,促进社会主义新农村建设的健康发展,金盾出版社邀请农业生产和农业科技战线上的众多专家、学者,组编出版了《建设新农村农产品标准化生产丛书》。"丛书"技术涵盖面广,涉及粮、棉、油、肉、奶、蛋、果品、蔬菜、食用菌等农产品的标准化生产技术;内容表述深入浅出,语言通俗易懂,以便于广大农民也能阅读和使用;在编排上把农产品标准化生产与社会主义新农村建设巧妙地结合起来,以利于农产品标准化生产技术在广大农村和广大农民群众中生根、开花、结果。

我相信该套"丛书"的出版发行,必将对农产品标准化生产技术的推广和社会主义新农村建设的健康发展发挥积极的指导作用。

王连铮

2006 年 9 月 25 日

注:王连铮教授是我国著名农业专家,曾任农业部常务副部长、中国农业科学院院长、中国科学技术协会副主席、中国农学会副会长、中国作物学会理事长等职。

前　言

随着改革开放的不断深入,我国的中药产业和中药材种植业得到了迅速发展。具有悠久历史的中医中药备受世人瞩目。然而,在我国中药材产品数量持续增长的同时,其产品质量和安全相对被忽视,使之成为制约中药材生产持续发展的突出问题。因此,我们必须建立中药材标准化生产体系,并通过示范加以推广。

中药材标准化生产体系的建立、示范、推广和实施,是中药产业结构战略性调整的一项基础工作。实施中药材产品标准化生产,是中药材产品质量与安全的技术保证,是我国中药材产业可持续发展和农民增产增收的必由之路。

药材生产是天然药物研制、生产、开发和应用的源头,药用植物标准化生产是中药材产业发展的必然要求,2002 年 6月 1 日,国家药品监督管理局发布了《中药材生产质量管理规范(GAP)》,这对我国中药材的标准化生产起到了一定的示范带动作用。

中药材标准化生产和管理是一项复杂的系统工程,它涉及药材生产和环境保护等众多环节,必须全面系统地掌握。本书在编写过程中参考了有关西洋参、人参、中药材生产质量管理规范、中药材栽培技术、中药材产品质量的国家标准、地方标准等方面的专家著作和论述,在此一并致谢。

由于中药材标准化生产在国内刚刚起步,加之编者水平和经验的局限与时间的仓促,一定存在许多疏漏和错误,恳请同行专家及读者批评指正。

编 著 者

2008 年 5 月 30 日

目　　录

第一章　中药材标准化
生产的概念和意义

一、标准化的概念

国际标准化组织(ISO)在其指南 2—1991 中对标准的定义是：为在一定范围内获得最佳秩序，对活动及其结果规定共同的和重复使用的规则、指导原则或特性文件。该文件经协商一致制定并经过一个公认机构的批准。标准的基本含义就是"规定"，即在特定的地域和年限里对其对象做出的"一致性"规定。标准的制定和贯彻以科学技术和实践的综合成果为基础，标准是协商一致的结果；标准由特定的这一本质赋予标准具有强制性、约束性和法规性。标准是具有科学性和实效性的特性的。它包含标准化对象、领域内容，本质(统一)和目的，它可以改进产品、过程和访问适用性，以便于技术协作，消除贸易壁垒。

二、中药材标准化

中药材标准化是以中药材产业为对象的标准化活动，即运用"统一、简化、协调、优化"的原则，对中药材生产的产前、产中、产后全过程，通过制定标准和实施标准，促进先进的中药材产业科技成果和经验迅速推广，确保产品的质量和安全，促进产品流通，规范药材产品市场秩序，指导生产，引导消费，从而取得经济、社会和生态的最佳效益,达到提高中药材产业竞争力的目的。

(一)统一原理

统一原理就是为了保证中药材产业发展必需的秩序和效率,对中药材产业的各项活动、产品品质、规格或其他特性,确定适用于一定时间和一定条件下的一致规范,并使这种一致规范与被取代的中药材标准化对象在功能上达到等效。所以,统一原理包括中药材标准化对象一致规范,功能等效,统一是相对的,统一只是一个手段,其目的是获得最佳效益。

(二)简化原理

简化原理就是以发展高产、高效、优质药材产品为目标,为了经济有效地满足中药材产业各项活动的需要,对中药材标准化对象的数量、规格、品质或其他特征筛选提炼,剔除其中多余的低效能的环节,精练并确定出能满足中药材产业各项活动全面需要所必要的高效能的环节,保持整体构成精练合理,达到节本、省工、优质、增效的目的。

(三)协调原理

协调原理就是为了使中药材标准化系统功能达到最佳,并产生实际效果,必须通过有效的方式协调系统内外相关因素之间的关系,确立为建立和保持相互一致、适应或平衡关系所必须具备的条件。从微观上看,协调原理也很重要,如西洋参生产中,不但要有处理好的种子,还要有遮荫、肥水、病虫害防治等一系列工作,再将此问题扩展到产业化,还有包装、运输、流通等环节,只要一个环节不合理,都难以达到有效性和经济性。

(四)选优原理

选优原理就是按特定的目标,在一定限制条件下以中药材科学技术和实践的综合成果为基础,对中药材标准化对象的大小形状、色泽、生产成本等参数及其关系进行选择,设计组合和调整,达到最理想的效果目标。

三、中药材标准化的特点

(一)标准化的主要对象是有生命的

中药材的栽培是在不易控制的自然环境中,通过中药材的生命过程来实现的,在一定时间和空间内将哪些产品、哪种技术列为标准化对象,都受到具体的社会经济条件和自然条件的制约,与工业相比,新技术、新方法开发难度比工业大,中药材生产条件是千差万别的,土壤、气温、降水、风力、日照和无霜期的长短,都对栽培技术产生不同的影响,中药材标准化对象受外界影响的相关因素较多,受自然条件影响较大,其经济效果往往并不一样,在制定、实施标准时,要充分注意标准化对象这一特点。

(二)中药材标准化的地区性

我国地域辽阔,地跨寒带、温带和亚热带,不同地区差异很大。世界上许多国家按照自然条件、地理环境和药材特点,划分适合各种药材的生长带。同一种药材,由于地区的差异,标准也就不同,因此要设有药材的地方标准。长江以南地区,气候温暖多雨,土壤及水质偏酸性,与长江以北冷凉少雨,土壤及水质偏碱性不同,其制定标准时就应该有很大的差异。

(三) 中药材标准化的复杂性

中药材标准化的复杂性表现为药材种类繁多,制定标准周期长,所要考虑的相关因素较多。中药材生产周期长,制定标准的周期也比较长。制定标准的生产试验,1 年(草本)或几年(多年生植物)才能进行 1 次,这与制定工业标准、农作物标准显然不同,统计数据要 2～5 年时间。

四、中药材标准化空间

中药材是农业的一个重要组成部分,但是它的重要属性是药,因此它的生产管理系统长期独立于农业系统之外,属于医药卫生系统管辖。但要讲中药材生产标准操作规程,必须回到大农业,农业生态体系中去考察。因此,首要一条是要把高产、优质、高效的"两高一优"的农业方针作为我国中药材产业的持续发展战略。把药材生产纳入农业生态良性循环的农业生产大体系中。将农业生态优化工程与生态农业的实用技术结合起来,逐步发展种植业、养殖业和加工业紧密结合的综合生产体系,以达到总体功能最优化的目的。生态工程是应用生态系统中物种共生与物质循环再生原理、结构与功能协调原则,结合系统工程的最优化方法,设计分层多级利用物质的生产工艺系统,具体地说,农林复合生态工程,包括林、粮、药间作,果、桑、粮、菜、药间作,林竹、林药等复合生态系统建设。最典型的是东北人参在物种共生互利原理指导下进行的林参、林药间作等形式,减少了森林的砍伐,保护了生态环境。

中药材是农业的组成部分之一,它的生产技术与农业生产技术有许多共同点,可以嫁接、移植农业方面的新科技和新技术到药材生产上,为药材生产所用。下面是有关农业标准化空间的一些内容,可供我们参考、借鉴。

农业标准化空间由农业对象(或领域)、内容和级别的三维空间组成。

农业标准化空间的 X 维代表着农业标准化的对象,而对象所涉及的行业主要为种植业、畜牧业、林业、渔业、农用微生物业以及农产品加工业、环保业、安全卫生等领域。

农业标准化空间的 Y 维代表农业标准化的内容,包括术语、符号代号、方法、要求、品种、规格、质量、等级、试验、检验、包装、贮存、运输、使用等内容。

农业标准化空间的 Z 维代表农业标准化的级别,包括农业国际标准化、农业区域标准化、农业国家标准化、农业行业标准化、农业地方标准化及农业企业标准化。

五、标准化表述

根据《中华人民共和国标准化法》的规定,我国标准分为国家标准、行业标准、地方标准及企业标准四级。同时,各级标准都有各自的标准号。标准号是由标准代号、编号和年号组成的,具体表述如下:

    标准代号   编号   年号

在我国,标准代号由大写汉字拼音字母组合而成。如国家标准的代号为"GB",亦即国标(Guo Biao)首个字母组合而成;行业标准代号:农业 NY,水产 SC,林业 LY,烟草 YC,纺织 FZ,化工 HG,环保 HB,水利 SL。地方标准的代号由汉语拼音字母"DB"(Di Biao)加上省、自治区、直辖市行政区划代码的前两位数字表示,见表 1-1。

表 1-1 我国省、自治区、直辖市代码

名 称	代 码	名 称	代 码	名 称	代 码	名 称	代 码
北 京	11	上 海	31	湖 北	42	西 藏	54
天 津	12	江 苏	32	湖 南	43	陕 西	61
河 北	13	浙 江	33	广 东	44	甘 肃	62
山 西	14	安 徽	34	广 西	45	青 海	63
内蒙古	15	福 建	35	海 南	46	宁 夏	64
辽 宁	21	江 西	36	四 川	51	新 疆	65
吉 林	22	山 东	37	贵 州	52	台 湾	71
黑龙江	23	河 南	41	云 南	53		

企业标准的代码由汉语字母 Q 加斜线再加企业代码组成。企业代码可以用汉语拼音字母或阿拉伯数字或两者兼用,具体办法由当地行政主管部门规定。

标准编号一般为数字或数字加字母,表示标准的顺序号码和发布时间。如 GB 7716—1995,表示 1995 年发布的第 7716 号国家标准。

强制性国家标准的代号为"GB",推荐性国家标准的代号为"GB/T"。

如 GB/T 17356.1—1998 表示 1998 年发布的第 17356 号的第一个推荐性国家标准,是西洋参加工产品分等质量标准之一。

如农业行业标准 NY 5010—2001,表示 2001 年发布的第 5010 号农业标准。

如 DB22/T 811～817—1993,表示 1993 年发布的第
811～817 号 7 个地方推荐性标准,是 1993 年吉林省制定的
西洋参综合标准。

如 Q/32 1203XM001—1999,就是企业标准,是江苏省高
邮市红太阳集团 1999 年制定的松花蛋企业标准。

六、中药材标准的分类

中药材标准体系是由众多农业标准组成的一个庞大而复
杂的系统。为了不同的目的和用途,可以从各种不同的角度,
对中药材标准进行分类。按照中药材标准化内容可分术语标
准、基础标准、品种标准、质量标准、包装标准、试验标准、方法
标准、安全标准、卫生标准等。

按照中药材标准的属性,可分中药材基础标准、中药材技
术标准和中药材管理标准。本书内容属于中药材技术标准。

按照中药材标准实施强制程度可分强制性中药材标准和
推荐性中药材标准。

七、中药材标准的制定

(一)中药材标准的编写方法

1. 基本原则 科学上可信,技术上可行,经济上合理;编
排格式、叙述方式应严格统一;编写、审查、使用都有一定的程
序要求。要广泛征求意见,多方协商,反复修改和严格论证;
充分利用和综合现有情报、科研和技术成果;简化、统一、协调
优化。

2. 中药材标准技术内容的编写方法

(1)产品分类　中药材按性能、特点、成分划分类别,不同类别有不同代号。

(2)技术要求　主要包括中药材产品的理化性能、原材料、加工处理程序、质量等级等。

(3)试验方法　对中药材产品技术要求,须进行试验、测定、检查等。

(4)检验规则　要求必须具有科学性,先进性和适用性,同时还要充分考虑和注意到中药材生产的地域性及商品生产的特殊性。

(5)标志、包装、运输和贮存　产品标志必须标明产品名称、规格、等级、净含量、产地、生产日期、企业名称和地址、标准编号等。要根据中药材产品的种类、品种、加工程度分出等级,要求外观洁净、理化指标优良、包装设计精美,材料要求符合清洁、无毒、无异味。在贮藏运输和销售过程中不能造成二次污染。

中药材标准化生产的操作规程应包括环境质量(土壤、水源、大气、土壤的环境质量)、种子、育苗、施肥、病虫害防治、设施利用、商品要求及检测等。

(二)西洋参标准化生产的环境标准

按 2002 年国家公布的中药材生产质量管理规范(试行)(附录一);药用植物及制剂进出口绿色行业标准(附录二)。中药材产地的环境应符合国家相应标准:空气应符合大气环境质量二级标准,参照《环境空气质量标准》(GB 3095—1996);土壤应符合土壤质量二级标准,参照《土壤环境质量标准》(GB 15618—1995);灌溉水应符合农田灌溉水质标准,参照《农田灌溉水质标准》(GB 5084—1992)。

1. 西洋参标准化生产产地的大气质量标准和污染的预防与治理 西洋参标准化生产产地对大气质量的基本要求一般均应远离城镇及污染区,大气质量较好且相对稳定。在产地上方风向区域内,要求无大量工业废气污染源;要求产地区域内气流相对稳定,即使在风季,风速也不能太大。因此,可选择一些四面环山的河谷地带;要求产地内空气尘埃较少,空气洁净;雨水中泥污少,pH 值适中,产地内所使用的塑料制品无毒、无害、不污染大气。

大气环境执行 GB 3095—1996 二级标准。例如,日平均总悬浮颗粒物≤0.30 毫克/立方米,二氧化硫日平均≤0.15毫克/立方米,一氧化碳日平均≤4.0 毫克/立方米,氮氧化物日平均≤0.10 毫克/立方米。一级的大气综合污染指数应小于 0.6;二级在 0.6~1;三级在 1~1.9;四级在 1.9~2.8;五级则在 2.8 以上。三级及三级以上的大气环境不适合于中药材的标准化生产。

2. 西洋参标准化生产的水质标准 水源一旦被污染,就会影响整个西洋参标准化栽培的实施。西洋参标准化生产的水源必须符合国家农田灌溉水质标准。农田灌溉水执行 GB 5084—1992 标准。

3. 西洋参标准化生产产地的土壤质量标准 西洋参标准化生产所要求的土壤质量,主要表现在以下几个方面。土壤耕层内无有毒离子,主要指重金属离子,如汞、铬、镉、铅、铜、锌等。土壤酸碱度适中,一般的中草药都起源于林下,比较适应中性和稍偏酸性的土壤。要求土壤既不黏重,又不过轻,一般采用壤土或沙壤土,且其中以杂质少的为好。土质肥沃、有机质含量高、土地平整、地下水位较低、不积水、便于灌溉的土地为优良地。土壤质量标准主要执行 GB 15618—1995 二级标准。

我国对土壤污染物含量也有建议标准,如南京环保所和北京地区均制定了相应的标准。对土壤中滴滴涕、六六六残留量,根据我国果蔬、作物产品中允许的残留标准确定为:六六六≤0.2毫克/千克,滴滴涕≤0.1毫克/千克。

综合污染指数用于土壤分级时,一级的综合污染指数为0.7以下;二级在0.7～1.0;三级在1～2;四级在2～3;五级则大于3。三级和三级以上的土壤已经有一定的污染,不符合西洋参标准化生产使用。

八、中药材标准化生产的意义

(一)标准化能提高中药材产品质量

实施中药材标准化能控制生产的全过程,确保中药材质量的提高,为了提高药材质量,必须对药材色泽的形成、果实发育及药材的习性等基础知识有所了解,围绕药材的发展,选、育、引进优良品种,并按药材的要求制定技术操作规程,依靠先进适用的科学技术,提高劳动生产率,最后实现产品的标准化。

(二)标准化能促进产品的国际贸易

标准化是我国传统医药进入国际市场的突破口,是中药现代化发展的必要条件。我国物种丰富、药材种植面积大、品种齐全,但所占国际市场份额还不足 5%。其中最大的制约因素是我国植物药标准化程度低,工艺、剂型落后,缺乏科学规范的质量标准和质量控制手段。为了提高中药材在国际市场的竞争力，必须实施标准化生产，控制生产全过程，确保药材质量。特别是我国参加世界贸易组织（WTO）后，中药材也正在大范围参与国际竞争，但国际贸易中非关税壁垒的有关规定越来越严格，一些国家在技术标准、标志认证及卫生检疫方面限制进口。应对这种情况，只有我们首先达到了相应的国际标准，与国际接轨，才具有进一步发展贸易的资格，才具有讨价还价的能力，才能争取到更大的国际市场。

（三）标准化能促进区域农业结构的调整与优化

中药材标准化是农业发展到一定阶段的必然产物，它是随经济水平不断提高而必然出现的一个过程。中药材实施标准化后，产品符合统一规格、安全、卫生、生产上按规程操作，这是国内外大市场的要求。同时，药材标准是个动态的过程，随着市场上药材产品标准的不断提高，使生产地的产品质量也随之提高，为了竞争中取胜，各地充分利用自身地理优势和生产条件，不断调整经营品种，在进入市场追求效益过程中提高质量，优化结构，实现农民增收的目标。

第二章 西洋参标准化生产的品种选择

西洋参为五加科（*Araliaceae*）人参属（*Panax*）西洋参种（*quinquefolius*）植物，其根入药，地上植株亦可入药。西洋参英文名为 America Ginseng。由于西洋参原产于美洲，故又称美国参、花旗参、美国人参、洋参、五叶参等。

一、中国人参与西洋参在人参属中的分类地位

人参属是五加科的一个小属，在我国有 12 个种或变种（表 2-1）。

表 2-1 我国人参属植物种、变种一览表

种 类	学 名	分布地区
1. 人参	*Panax ginseng* C. A. Meyer	东北
2. 黄果变种	*P. ginseng* var. *xanthocarpus*	东北
3. 紫茎变种	*P. ginseng* var. *atropureacaulo*	东北
4. 西洋参	*P. quinquefolius* Linn	全国栽培
5. 三 七	*P. notoginseng*（Burk.）F. H. Chen	云南省
6. 姜状三七	*P. zingiberensis* C. Y. Wu et K. M. Feng	云南省
7. 假人参	*P. pseudoginseng* Wall	西藏
8. 屏边三七	*P. stipuleanatus* H. T. Tsai et K. M. Feng	云南省

种 类	学 名	分布地区
9. 竹节参	*P . japonicus* C . A . Meyer var . *japonicus*	长江流域
10. 狭叶竹节参	var . *angustifolius*（Burk .）Cheng et Chu	四川、云南
11. 珠子参	var . *major*（Burk .）C . Y . Wu et K . M . Feng	长江以北黄河以南和西藏、云南
12. 羽叶三七	var . *bipinnatifidus*（Seem .）C . Y . Wu et K . M . Feng	同上

（引自李方元，2002，《中国人参和西洋参》，第 10 页）

　　1970 年，日本学者原宽（H . Hara）关于东亚人参属植物的论文中，将亚洲种除人参外均降级为亚种、变种或类型，归入假人参（P . *pseudoginseng* Wall）中。

　　1973 年，何景、曾沧江对人参属进行系统研究，确认了人参与假人参为两个种，认为另一些亚洲种，由于它们与假人参之间有过渡类型，很难找到划分种的标准，所以降级为假人参的 6 个变种；1978 年，在《中国植物志》中，建立了姜状三七这个种。

　　鲁岐等运用数量分类学中专门定量研究生物系统发育进化关系的分类方法——分支分类法对人参属植物分类。选取 14 个公认的与演化有关的性状，按性状状态的进化次序编码，获得原始数据矩阵计算分支单位间的同步系数，并求出最大的同步系数。结论是，人参 CTU_1 和三七 CTU_2 亲缘关系最近，并有共同祖先 CTU_4，它们比共同祖先进化了 6 个演化距离单位，人参在托叶、小量短链脂肪酸、齐墩果酸型皂苷上进化了 3 步,而三七在花柱着生方式、花性别组成方式、叶脉刚毛分布、海拔分布、直链倍半萜、人参三醇型皂苷含量上进化了 6 步。西洋参 CTU₃ 与原始人参 CTU₄ 有同一祖源 CTU₅,它们比祖源又进化了 3 个演化距离单位。西洋参在托叶和齐墩果酸型皂苷上发生了进化。

逢焕诚等(1986)将人参属 5 种植物(人参、西洋参、人参三七、喜马拉雅假人参、竹节人参)地下、地上部分所含皂苷类进行比较,明确了这 5 种植物化学成分的相互关系。从化学成分看,达马烷型四环三萜类皂苷是人参的主要有效成分,集中于人参属的三七、人参、西洋参中,而人参属其他种植物则以齐墩果酸型五环三萜类皂苷为主。

栗山英雄研究了人参、西洋参、竹节人参的种间杂交种 F₁ 代花粉母细胞的减数分裂认为:人参属的这 3 个种的染色体数都是 n=24,并且性状亦没有明显的区别,F₁ 个体的花粉母细胞于减数分裂时,人参×西洋参、竹节人参×西洋参,多数情况下是 2 个单价染色体,很少产生 4 个单价染色体;人参×竹节人参组合,4 个单价染色体的现象最常见,罕见 6 或 8,这表明 3 种植物属于同一基因组(Genome)。人参和西洋参杂交,在相同染色体间能发生多少分化,在西洋参和竹节人参之间亦一样,进而推论人参和竹节人参是属于分化得更进化的种(李方元,2002)。

二、美国西洋参的生态类型

西洋参原产于北美洲的北部、南部和西部的天然杂木林里,由于长期的自然演化,形成了 3 种在形态上有明显区别的地区性类型。

（一）北部类型

此种西洋参成龄时叶柄绿色，较长，有成丛的芽孢（又称多头）。春天萌芽时，叶片未展开之前就能看到成丛的芽孢。1～2年生植株不突出。这一类型的西洋参产于美国威斯康星州的南部，以及大湖地区的雪零山脉一带，被称为威斯康星野山参，是质量较好的西洋参。

（二）南部类型

该种西洋参在春季时，植株茎和叶柄下部带紫色，芽孢要在叶片全部展开几个星期之后才显露出来，个头要比北部类型大，产生的种子也较多。这一类型产于北美洲南部的森林中。

（三）西部类型

与前两种西洋参相似，但叶与茎部均较长，根也较细长。这一类型多分布于美国俄勒冈州。

三、西洋参的开发历史与分布

（一）西洋参的开发历史

西洋参在北美洲发现初期，资源蕴藏量是非常惊人的。研究西洋参的先驱者斯坦丁曾经生动地描述过19世纪至20世纪初的美国人参热，写道：从明尼苏达州到北卡罗来纳州，森林中的一些地段，西洋参之多，以至达到不践踏参苗就难以通行的程度。在东方市场的魅力吸引下，外国开拓者纷至沓来,雇佣当地的廉价劳动力土著民族印第安人采挖。而后转运东南亚各国大发其财。随着西洋参的畅销,每年向东南亚及东亚,其中主要是中国,输入数十万磅(1 磅=0.453 6 千克)的商品。据统计,1821~1888 年西洋参的天然产量高达 75 万磅。据史料记载,1784 年一艘名叫"皇后号"的机帆船,首次将西洋参从波士顿运往法国或英国的殖民地,又转到东南亚,而后销往中国。目前,在美国,野生西洋参还保留 25%,而 75%是人工栽培的。现在美国已将野生西洋参列为濒危植物加以保护。

(二)西洋参在北美的自然分布

西洋参在北美自然分布于北纬 30°~48°、东经 67°~95° 的加拿大和美国的海拔 300~500 米的低山区,北起魁北克省,南至佐治亚州和佛罗里达州的加拿大东南与美国东部地区。生态环境是以栎树为主的阔叶林带。19 世纪后半期,由于采挖量过大,加上美国东部的森林大部分被砍光,破坏了西洋参的生长条件,使野生西洋参分布密度锐减,光靠采集野生西洋参已不能满足市场需求,于是有人开始试种西洋参,并逐渐发展起西洋参的人工栽培技术。19 世纪末,美国创建了第一个西洋参种植园。20 世纪初,西洋参的栽培地区已发展到 10 多个州。现在的栽培区域已达 23 个州,主要分布于美国五大湖沿岸的威斯康星州及纽约州、宾夕法尼亚州、明尼苏达州、密执安州、俄亥俄州;东部沿海的马萨诸塞州、北卡罗来纳州;中东部的佐治亚州、密苏里州、肯塔基州;西部的加利福尼亚州沿海地带。加拿大的西洋参栽培区主要分布于魁北克省和蒙特利尔附近。

（三）西洋参原产地的自然条件

美国位于北半球,同我国有相似的地理位置。美国的山脉多是南北走向,南北气流畅通无阻,墨西哥湾气流向北运行到美国中部和加拿大的南部,北极气团向南纵贯到密苏里谷地,甚至到达佛罗里达,所以其气候条件与我国同纬度地区显著不同。相对来说,北美比我国同纬度地区,月份气温高,年温差较小,雨量充沛,年降水量 1 000 毫米左右。加拿大的东南部和美国的东北部受五大湖和大西洋的调节作用,具有海洋性的气候特征(表 2-2)。

表 2-2　西洋参原产地气候概况

气候特征	产　　地					
	蒙特利尔	魁北克	纽　约	密苏里州	亚特兰大	波特兰
海拔(米)	57.0	90.1	9.2	172.6	308.5	47
北　纬	46°	45°47′	41°42′	38°39′	33°39′	45°32′
年平均气温(℃)	6.0	3.6	10.1	13.5	16.5	11.4
1 月份平均气温(℃)	−10.5	−12.2	−0.9	−0.3	7.0	−3.8
7 月份平均气温(℃)	19.8	19.3	22.3	21.0	26.0	18.9
年降水量(毫米)	1037	1065	1065	1004	1000	1064
空气相对湿度(%)	74	80	59	60	68	79

美国西洋参产区主要分布于西经 100°线以东地区。一般来说,该区 1 月份气温在 0℃左右,当寒流袭来时,北部会出现低温。7 月份日平均气温 21℃左右,山区温度随着海拔上升而降低。年降水量在 1 000 毫米左右,夏季最多。天然植被主要由核桃、栎树等落叶林组成。

在该区北部产区威斯康星州、密执安州、明尼苏达州。年降水量为 800～1 000 毫米,无霜期南部是 140～200 天,北部为 100～140 天。

东部沿海产区的马萨诸塞州、纽约州、宾夕法尼亚州,土壤较瘠薄,年降水量变化很大,一般在 800～1 000 毫米,有些沿海地带常为 1 000～2 000 毫米。无霜期 160～200 天。

中部和南部的俄亥俄州、印第安纳州、伊利诺斯州、密苏里州,土壤深厚、肥沃,无霜期 150～180 天,年降水量为 700～1 000 毫米。

四、西洋参在我国的引种栽培

由于我国幅员辽阔,地形复杂,气候多样,具有西洋参栽培的有利条件,经过近 20 年的努力,我国西洋参生产基地已初具规模。根据气候相似的栽培原理,选择与西洋参原产地相近似的地理环境;根据不同环境,采用不同栽培技术措施,创造适合于西洋参生长发育的小气候。因此,依据目前我国西洋参产区的生态条件和栽培特点,大致可划分为如下几个栽培区。

(一)东北栽培区

包括吉林省的集安、通化、长白、靖宇、抚松、辉南、梅河、永吉、桦甸、蛟河、磐石、敦化、安图等县、市;黑龙江省的穆棱、宁安、五常、尚志、延寿、七台河等县、市;辽宁省的桓仁、本溪、宽甸、清原、新宾等县、市。东北栽培区的西洋参栽培面积占全国总栽培面积的 60%～70%。

该区地处北纬 40°～45°,海拔 200～800 米,属于温带湿润和半湿润气候,即三江—长白区气候。年阳光总辐射量每平方厘米 460～544 千焦(110～130 千卡);年日照时数2 200～2 600 小时;年平均气温2℃～8℃;≥10℃的年有效积温2 000℃～3 400℃;年降水量600～900 毫米;无霜期110～150 天。利用低山林地或荒地栽培西洋参。土壤多为暗棕壤和白浆土,土壤 pH 值5.5～7。播种方法采用直播或移栽两种栽培法,4 年采收。应用单透光棚(斜棚、脊棚及平棚)遮荫为主,双透大棚和全遮阳棚较少,土地有效利用率为44%～50%。

(二)华北栽培区

包括北京市的怀柔、昌平、密云、顺义,河南省的西峡,山东省的莱阳、栖霞、文登、莱州,河北省的涿州、定县、行唐等地。华北栽培区的西洋参栽培面积占全国栽培总面积的30%左右。

该区地处北纬35°～40°,海拔 200 米以下,属暖温带亚湿润区,河北区气候。年阳光总辐射量每平方厘米544～586 千焦(130～140 千卡);年日照时数为 2 600～2 800 小时;年平均气温 8℃～12℃;≥10℃的年有效积温 3 400℃～4 500℃;年降水量600～800 毫米;无霜期 150～200 天。多利用平地农田栽培西洋参。土壤为棕壤、沙土或沙壤土,土壤 pH 值5.5～7。多采用直播栽培法,少有移植法。4 年收获。利用双透大棚(美式或改良及平棚)遮荫,土地有效利用率为70%。

(三)华中栽培区

分布于陕西省留坝、陇县、南郑,四川省巫溪等地。华中栽培区的西洋参栽培面积约占全国总栽培总面积的 1%。

该区地处北纬 32°～35°，海拔 600～1 800 米，属北亚热带湿润区，秦巴区气候。年阳光总辐射量每平方厘米 419～460 千焦（100～110 千卡）；年日照时数为 1 400～1 800 小时；年平均气温 10℃～14.2℃；≥10℃ 的年有效积温 4 000℃～4 500℃；年降水量 600～1 500 毫米；无霜期 180～205 天。利用山地农田栽培西洋参。土壤为棕壤或沙壤土，并有少量腐殖土。土壤 pH 值 5.5～6.5。采用直播法栽培，4 年收获。应用双透大棚（或平棚）遮荫，土地有效利用率 60%。

此外，在我国低纬度亚热带的高海拔山区，如福建省的大田和德化两县所处的戴云山区（地处北纬 25°43′，海拔 1 600 米），及云南省丽江的高山药物试验场（地处北纬 27°09′，海拔 2 880 米），也有少量引种栽培。

我国不同地区引种西洋参的栽培实践证明，西洋参在我国不同地理生态条件下的生长适应能力是很强的。在北纬 25°～45°范围，涉及我国 8 省（直辖市）、33 个县，上百个场户进行栽培，一般表现生长良好，开花结果正常。4 年生平均单株参根干重可达 22.5 克。吉林、黑龙江及福建等部分产区测定结果说明，国产西洋参的药效成分和药理作用与进口西洋参基本相似，且根形多样。这不仅为发展我国南北广大地区农村多种经营特别是为山区人民脱贫致富开辟了一条新的经营途径，而且为发展我国独有商品规格品种的西洋参产品，提高了在国内外市场上的竞争力。

五、西洋参标准化生产的品种选择

（一）西洋参遗传基础

西洋参体细胞染色体 $2n=48$ 个。花粉母细胞减数分裂行为在第一次分裂中期赤道板上正常排列 24 个染色体。但在减数分裂第一次分裂中期观察到的小型染色体数比人参的同期少，处于同期侧面观察到的二价染色体的形状与人参相似，第二次分裂中期在两核上所观察到的都是 24 个染色体。第二次分裂末期分裂成 4 个染色体群，每群染色体数各具 24 个。表明西洋参花粉母细胞减数分裂属正常分裂。

（二）西洋参品种选育

目前，西洋参品种选育多数仍为常规育种方法，少量采用了现代生物技术育种方法。中国农业科学院特产研究所利用集团选育方法，经多年田间调查、比较，筛选出果实早熟（5～8天）集团 1 个。西洋参果实早熟有利于提早采种，这对于参根后期营养物质的充分积累有利，特别对我国北方地区当年种子提早催芽、翌年春天播种提高出苗率具有重要的实用价值。

（三）中国人参和西洋参杂交育种研究

对人参属植物种间杂交的研究早在 1931 年高桥和大隅敏夫（日本）用人参和西洋参、竹节人参进行了有性杂交试验，成功地获得了人参和西洋参、人参和竹节人参的杂交种。1980 年西洋参在我国引种成功以来，我国的西洋参杂交育种工作已逐步展开，先后获得人参和西洋参正、反交后代种子。

中国农业科学院特产研究所还对黄果人参与西洋参进行了杂交研究。结果表明,黄果人参和西洋参的杂交一代4年生植株根部主根长及根鲜重显著大于亲本,杂种优势在主根长和根重方面表现突出。其根粗大于母本(黄果人参),差异显著;但与父本(西洋参)差异不显著,这表明杂交一代的根粗更趋于父本。人参和西洋参杂交因二者花期不遇、去雄技术繁杂、不易获得杂交一代植株,并且杂交一代植株难稔性问题严重,很难得到杂交二代种子和植株,这对育种工作十分不利。

通过种间杂交,由于异质性的结合形成了新的遗传性,在后代植株的形态、化学成分的组成、含量都有相应变化。在药理性质上,有人曾做过测定,其结果是,杂交种总皂苷含量有所降低。笔者在2007年进行了人参、西洋参部分种质资源的单体人参皂苷测定分析,结果显示:人参和西洋参杂交一代的 Rg_1 含量与人参各类型相近,Rb_1 的含量也更接近人参。

(四)人参×西洋参杂交种的细胞学研究

有关资料显示,人参和西洋参杂交一代个体花粉母细胞的减数分裂,在染色体的移动期,单体染色体与两个染色体很容易分辨。观察竹节参和西洋参杂交一代花粉母细胞的减数分裂过程,结果表明:西洋参作为母本植株的杂交组合后代不容易得到优良的分裂象,人参和西洋参组合亦有同样的结果。根据高桥、大隅等的研究报告结果,人参、西洋参、竹节参3个种间的杂交种虽然很容易获得,但杂交一代个体的花粉粒都大小不一,变异很大,表面生皱,吸湿性减少,大多不育。

第三章　西洋参标准化生产的播种和育苗

一、种子处理

（一）西洋参果实与种子的形态

西洋参果实为浆状小核果,初期绿色,熟时鲜红色或暗红色(鲜有黄色的)、有光泽,上有凹线,呈肾脏形,内含种子1～4粒,多为2粒。果粒长0.7～1.2厘米,宽0.81厘米,厚0.5厘米。果梗短,果穗紧密或稍松散,呈扁球状或环状。7月份开花,8～9月份果实成熟。

西洋参果实成熟时,种皮极薄,每粒种子外围都有一层坚硬的果皮包围。习惯上把种子连同外围包被的果皮,统称为种子。种皮内有贮藏养分的胚乳,卵圆形胚腔及胚。单粒果为扁圆形,2粒果为肾形或板月形,3粒果或4粒果呈圆柱形。种子较大,长0.6～0.7厘米,宽0.45～0.5厘米,厚0.25～0.3厘米,种子表皮无明显的皱褶。湿籽千粒重为55～60克,干籽千粒重为35～38克;经过催芽的裂口种子千粒重为60～70克。

（二）西洋参种子与人参种子的形态区别

西洋参种子比人参种子大,种皮粗糙无纵沟,千粒重平均35～40克;人参种皮有纵沟,平均千粒重25～30克。

(三)西洋参种子的特性

西洋参种子具有休眠的特性,其主要原因是种胚发育不全和内在抑制因素所引起的。西洋参种子要达到完全成熟,需经过形态后熟和生理后熟两个阶段。

1. 形态后熟阶段 果实成熟脱离母体后,在一定的温、湿度条件下,种胚逐渐发育分化完善,具有胚根、胚茎、雏形真叶、两片子叶抱合胚茎和真叶,以后种皮开裂,种胚才能生长。

2. 生理后熟阶段 当种胚发育一定大小后,要求一定的低温阶段,此时期低温可促进生长物质的形成量增加,解脱抑制物质的抑制作用。要完成上述两个发育阶段,需进行自然催芽或人工催芽。

(1)自然催芽 即将采收下来的西洋参种子立即埋于土壤中,需经 20～22 个月才能发芽出苗。

(2)人工催芽 即将采收下来的西洋参种子及时进行人工催芽,在适宜的条件下,200 天左右就能完成形态后熟和生理后熟两个过程,发芽出苗。

3. 西洋参种胚的发育条件

(1)西洋参种胚发育与催芽温度的关系 从种子催芽至开始裂口,胚长 0.3～2.5 毫米,要求催芽温度 16℃～20℃,高于 20℃和低于 16℃,对种胚发育无效。在 16℃～20℃,经过 80 天左右就可以完成催芽至开始裂口阶段。从催芽种子开始裂口至具有胚根、胚轴、子叶的完整胚体形成,胚长 2.5～4 毫米,要求 7℃～18℃的降温环境,经过 40 天即可完成此发育阶段。即完成了种子的形态后熟阶段,共 120 天左右时间。

从西洋参完整胚体形成至具备发芽能力,胚长 4～5.5 毫米,要求催芽温度 0℃～5℃,在此低温下,经 80 天左右即完成了西洋参种子的生理后熟阶段，发育率应达到90％以上。

（2）西洋参种胚发育与沙藏土壤含水量的关系　西洋参种胚发育要求沙藏土壤含水量为10％～15％，沙藏土壤含水量高于15％或低于10％，均不利于种胚发育。

（四）西洋参种子催芽方法

1. 隔年种子的催芽方法　先将鲜种子越冬贮藏。即种子采收后，沙藏于窖内越冬。

（1）催芽时间　种子5月上旬出窖开始催芽，到10月下旬秋播或翌年春播。

（2）种子消毒　西洋参种子表面常常带有各种病原菌，造成在催芽处理过程中和播种后引起烂种或幼苗发生病害。因此，要对西洋参种子进行许多处理。所以，在沙藏前，以鲜种重0.3％的多菌灵（50％可湿性粉剂）拌种或以此药500倍液浸种30分钟，进行种子表面消毒。

（3）催芽基质　用河沙过筛（8目）或混合沙土（1∶1或1∶2）作为催芽基质。

（4）催芽场地的选择　选择背风向阳，易于排水的地段作为西洋参种子催芽的场地。

（5）装箱技术　箱框规格，内框高40厘米，宽100厘米，长度以种子量而定；外框高20厘米，距内框15厘米，内框入地20厘米，两框间隙以催芽基质填充，以使内框内、外温度均匀一致。选好催芽场地后，整平地面，周围挖好排水沟，按内框大小，挖20厘米深的平底坑槽，放入内框，内框基底部围以铁丝网防鼠，按规格安放外框，准备装箱。

（6）装箱　内框内底部放入催芽基质，推平，厚度5厘米，种子与催芽基质以1∶3（体积）比例充分混拌、装箱，整平后上盖催芽基质 5 厘米,整平,盖以铁丝网防鼠。

（7）催芽期间的管理

①搭棚　在选定好的催芽场地上,架设一个既能防光、防雨又作业方便的遮阳棚,防止强光暴晒和雨水进入箱内,以利于倒种、调水、控温作业。

②倒种　催芽期间要定期倒种,使箱内上、下层温度和湿度一致,保持通气良好,以利于种胚发育。裂口前每半个月倒种 1 次,裂口后每 7～10 天倒种 1 次,如果倒种次数少,种子裂口不齐,容易烂种。倒种方法是将种子从箱内取出,放在塑料布上,用锹充分翻倒,并挑出霉烂种子,沙土过湿可在背阴处晾一晾,不宜强光暴晒。

③调水　要经常进行检查,发现水分不足,可浇水调节。一般在倒种前 1 天浇水,浇水量以渗到种层 1/3 处为度,翌日倒种可使种层水分基本均匀适量。如果用纯沙催芽,要特别注意水分调节,催芽至开始裂口河沙和沙土湿度分别保持在 7％和 15％;开始裂口至全部裂口分别保持在 5％和 10％。

④控温　调节遮阳棚透光度以控温。在种胚发育期间,种子催芽温度为 18℃～20℃,后期为 12℃～16℃。盛夏可加大遮荫或向箱框间隙浇清水以降温,秋后可用农膜封闭以增温。

（8）催芽种子的越冬贮藏　选择背阴、高燥和易排水地段,按种子量挖 40～60 厘米深坑槽,坑底用木头或石块垫起,将种子放入坑内,箱口高出地面 10～15 厘米,上盖农膜,培土 30～40 厘米,上加盖 10～15 厘米落叶,压草帘以防落叶散失,周围挖好排水沟,防止早春水害。春播前撤除防寒物,备播。

2. 当年种子的催芽方法　种子采收后,立即催芽。

（1）催芽场所　室内需备有电热、暖气、火墙等热源,设曲管地温表或控温仪以控制温度。

（2）催芽箱槽　室内备有木箱或筑高 70～80 厘米的水泥槽,大小按种子量而定。

（3）催芽　种子消毒,催芽基质,装箱槽,倒种及湿度调节与隔年种子催芽法相同。

（4）温度控制　西洋参种子形态后熟前期,温度为18℃～20℃,约需 80 天;后期为 12℃～16℃,约需 40 天时间。在生理后熟期间温度控制在 0℃～5℃,需 80～90 天时间。生理后熟期控温方法是在当年种子形态后熟完成后,北方已到严冬,为防止骤然超低温的危害而采取的低温贮藏法,以完成生理后熟阶段。在 5 米深的窖内做一木架,分内、外两框,内框与种子箱大小一致,两框间距 15～20 厘米,内框外先放农膜,两框间放入冰块,形成上、下、左、右、后五面冰墙,放入种子箱,前面盖上棉帘保温,保持 0℃～5℃,直至春播,也可在 0℃～5℃普通冰箱中贮藏。

3. 风干种子催芽法　红熟的西洋参果实采收后,搓去果皮果肉,种子洗净晾干后保存。于翌年 5 月上旬进行催芽处理,处理前放入清水中浸泡 1 昼夜,取出后进行种子表面消毒、装箱、控温、调水,完成形态后熟和生理后熟过程,方法同前。应用这种方法,比种子采收后立即催芽可减少管理时间。

(五) 西洋参催芽种子的检测

1. 催芽种子生活力检测

（1）TTC 法　又名红四氮唑染色法,按取样法随机取得催芽西洋参种子 30～300 粒,分成 3 组,分别沿种沟纵切,使胚和胚乳均匀放开,选留其中较完整的一瓣,浸于已配好的、置于 35℃恒温下的 0.1％TTC 溶液中 3 小时,后用清水冲洗种子,然后将种子放在吸湿纸上,立即计数检查,否则影响判断和观察结果。生活力强的呈鲜红色,生活力弱的呈淡红色,无生活力的不着色或呈黄色。计算生活力强的粒数占调查粒数的百分率,3 组样品的平均值为西洋参催芽种子的生活力。

(2)IC 法或 AF 法 依取样法随机取西洋参催芽种子 30～300 粒,分为 3 组,逐一纵切,各取半个,在常温下(15℃～25℃)用 0.1％靛蓝洋红染色 15～20 分钟,或用 0.1％酸性品红染色 10～15 分钟,后以清水清洗种子,不着色的为有生活力种子,着色的为无生活力的种子,计数并计算不着色的种子粒数及其占调查数的百分率,3 组平均值即为西洋参催芽种子的生活力。

2. 催芽种子裂口率检测 按取样法随机取催芽种子 90～300 粒,均分成数组,不得少于 3 组,逐粒检查和计数裂口粒数,分别计算裂口粒数占调查粒数的百分率,几组的平均数为西洋参催芽种子的裂口率。

$$催芽种子裂口率(\%) = \frac{裂口种子粒数}{调查种子粒数} \times 100\%$$

3. 催芽种子霉烂率检测 按取样法随机取催芽种子 90～300 粒,均分成数组,不得少于 3 组,逐粒检查和计算霉烂粒数,计算霉烂率,几组平均值为催芽种子的霉烂率。

$$催芽种子霉烂率(\%) = \frac{霉烂种子粒数}{调查种子粒数} \times 100\%$$

4. 催芽种子胚率检测 胚率指胚长与胚乳长的比值,按取样法随机取催芽种子 90～300 粒,均匀分组,不少于 3 组,逐粒纵切,分别测定胚长、胚乳长,计算胚率,几组胚率的平均值即为催芽种子的胚率。

$$催芽种子胚率（\%） = \frac{胚长（厘米）}{胚乳长（厘米）} \times 100\%$$

5. 催芽种子形态后熟度检测 西洋参催芽种子形态后熟度以胚率与裂口率的乘积表示。

西洋参催芽种子形态后熟度 = 平均胚率×平均裂口率

西洋参种子形态后熟度必须超过70%，方可进行生理后熟期的低温处理。

(六)西洋参越冬芽的生长发育特性

1. 西洋参越冬芽的生长发育特性 西洋参越冬芽生长发育非常缓慢，完整的越冬芽要经过两年的缓慢生长发育，才能够完成。越冬芽在地上茎叶生长基本停止时开始膨大，采种后生长发育加快，到10月中旬基本长成。

2. 西洋参潜伏芽的生长发育特性 西洋参根茎上每个茎痕外侧边缘都有1个很小的潜伏芽，正常情况下不生长发育。当地上茎叶或正在发育的越冬芽遭到损伤而失去发育能力时，潜伏芽就有可能发育成越冬芽，到翌年发芽出土。还有，当西洋参在生长发育过程中，因病虫害或机械损伤时，使正常发育的芽孢原基损伤而失去生长能力时，则根茎上的潜伏芽接替发育。

3. 西洋参越冬芽的休眠特性 西洋参的越冬芽同中国人参一样，具有休眠特性。越冬芽的休眠期长短与气候关系密切。我国北方冬季时间长，越冬芽虽然已通过了休眠期，但由于气候寒冷，强迫西洋参越冬芽延长其休眠期；而南方冬季短，越冬芽通过休眠期即到生长发育季节，便可生长发育。由此可以看出，越冬芽的休眠在冬季寒冷季节可自然通过，不用人为控制。

二、西洋参标准化生产的播前准备

(一)选 地

西洋参对土壤的选择性较严格,它要求土壤不断供应热量、空气、水分和养分。因此,土壤的适宜程度,是西洋参生产的关键因素。适宜西洋参生长的土壤应是腐殖质含量较高(10%以上)、有团粒结构、土壤疏松、通气、保水、保肥性能好、危害西洋参的致病菌少的土壤。

1. 选地原则　西洋参和人参一样,喜气候温和,寒暑变化小,夏季凉爽,昼夜温差不超过 12℃,空气湿润的自然环境。我国栽培西洋参,有的地方选择未开垦过的天然林区。在已开垦过的林地或间伐林地,应选原来是阔叶杂木林或林缘坡地。土壤应为微酸性,湿润而有光泽,落叶腐殖层较厚,易于排水。

在较平坦的熟地或农田地栽植西洋参,则需增施有机肥或改土。应选择土壤肥力高,结构、通透性好,富含有机质和植物必需的常量和微量营养元素的壤土或沙壤土;选择有利于实现现代化生产作业、管理、运输、水、电源方便地块。地势低洼、地下水位偏高、不易排水的地块或高燥易于干旱的地块不宜采用。

2. 新林土参地的选择

(1)植被的选择　选择以阔叶树为主的针阔混交林、阔叶林,间生榛柴、胡枝子、紫穗槐等灌木组成的过熟林、次生林、低质林、疏林地、荒地。

(2)土壤的选择　根据西洋参的生物学特性,要求土壤含有大量的腐殖质,物理性状良好,具有一定的透水性、保水性,土壤上层疏松深厚,质地为壤土、黄沙腐殖土、黑沙腐殖土或沙质壤土。土壤上虚下实(蒙金土)为好。土层厚度不少于15厘米,pH值为5.6~7。沙粒土、重黏土、盐碱地不宜种植西洋参。

(3)坡度和坡向的选择 坡地宜选择坡度5°~25°的高燥地势和排水良好的缓坡地。山地栽培西洋参,对坡向要求不太严格,各种坡向均可利用,但要禁用受西北风影响的地块,坡度一般以10°~30°为宜。坡度过大作业不方便,并易造成水土流失。

阳坡地保苗率高,但易于干旱,致使参体浆气不足,所以要选择黄土底保水性强的土壤,做床时使参床稍斜一点,使雨水经前檐流出。同时,采用做低床、深层栽植等措施,以调节水分的不足。

阴坡地有机质层深厚,土壤肥沃,水分充足,但光照较弱,病害较多,需要采取加大阳口,加高参床,严防漏雨等措施。

播种地和移栽地,均宜选用半阴半阳坡地,床向应尽量调整为接受早、晚阳光的阳口,避免用南阳口和西南阳口。地下水位高的低洼积水地和过陡的山坡地不宜选用。

3. 农田土参地的选择 农田栽参是解决参林矛盾,保持生态平衡,扩大栽参区域,发展人参生产的主要途径。同时,实行参粮轮作对改变农村产业结构,促进农村商品经济的发展,增加农民收入,具有重要的现实意义。

(1)土质 农田土比腐殖土的有机质含量低,一般仅为2%~3%,肥力较差,土壤理化性质不良,容易板结,并且蓄水、蓄肥、通气性、通水性都不如腐殖土。它对土壤温度和旱涝的缓冲能力差,因此如用农田土栽培西洋参,需对其进行土壤改良,一般土壤有机质含量要达到 3%～5%,以土质疏松为宜。

(2)地势　选择排水良好的高燥地势,低洼积水地块不宜选用。如用较低洼的农田地栽培西洋参时,需要采取增施有机肥,掺沙改土,高床栽植,注意排水等措施。

(3)前茬　农田土栽培西洋参,除注意土质和地势外,还要重视前茬的选择。我国农田栽培西洋参,前茬以大豆、小麦、苏子、苜蓿、紫穗槐、玉米等作物为好。茄科蔬菜地、根类作物地不宜选择。

(二)整　地

1. 整地的目的　在西洋参的全部栽培过程中,整地是一项最重要的基础作业。通过整地,创造适合西洋参生长的土壤条件。创造疏松的土壤条件,有利于种苗发芽出土和参根的生长发育,可以促进微生物的活动,使有机质加快分解,使土壤进一步熟化,增加土壤中的有效成分含量。同时,也增强了土壤的吸收和保持水分的能力,使空气和水分以适当比例存在于土壤中,从而满足西洋参对水分和营养的需求。通过整地,还可以消灭杂草和病虫害。生产中往往由于整地粗糙,树枝、树根、土块和石块等杂物没有清理干净,而引起病害发生,造成严重减产。因此,必须细致整地,并确保质量。

2. 新林土参地的整地步骤

(1)清理场地　在新林土地块选好后,将场地中的乔木、灌木、杂草以及石块等清除。一般树木高大的林地,因下部的小灌木较少,可先伐树而后割场子。树木矮小的林地,因灌木和杂草较多,要先割场子而后伐树,也可在伏天杂草生长时期,边割场子边伐树。具体做法可因地制宜。

（2）伐树　在不利于机械作业的陡坡地，可把树木锯掉或砍倒，运到场外。在坡度平缓的地块，可用大马力拖拉机拔树。利用山坡地栽参，要山顶戴帽，山底穿靴，山腰串带，以防水土流失。还要每隔40米左右，留些树茬，以备作拦水坝磴桩用。

（3）割场子　用镰刀将场地上的灌木、杂草等贴地割净，然后将其均匀铺在场地上，晒干烧掉。

（4）烧场子　将场地上的灌木杂草、枯枝落叶等晒干后，选择无风的天气，打好火道，在做好严密防火措施前提下，就地烧掉。未燃烧尽的残渣清除场外，草木灰翻入土中作肥料。烧场子的好处在于可提高土壤温度，加速有机物质的分解，促进土壤熟化，消灭杂草，减少病源，减轻病虫害的发生，节省清场用工，增加土壤肥力。

（5）定磴　山地栽培西洋参，在烧场后要定磴，即确定拦水、排水坝的位置。一般每隔20～40米设一个磴，宽度1米左右，磴的斜度以2°～3°为宜。伐树时留作磴桩的树茬子，起固定坝的作用，刨土时不刨定磴的地方。定好磴后，可将石块、杂物堆放在磴上，形成坝形，起到拦水和排水的作用。

（三）定向和挂串

1. 定向　即是确定参床的走向。清理场地后，根据西洋参对光照的要求，结合地势等情况确定参床的方位。平地或岗地参床的方位一般多采用南北或稍南偏东走向，早晨的阳光从东、东北方向射入床内，俗称"露水阳"。定向的原则是：利用早、晚阳，躲开正午阳，不用正南阳。一般以上午9～10时阳光从床内退出为标准。岗地参床多是正南、正北走向；平地参床一般是南稍偏东方向；山地的南北坡，可顺山做床，东西坡山地,如果坡度不大,雨水能顺利排出,可横山或斜山做床;坡度很陡的山地,一定要斜山或顺山做床,以利于排水。

2. 挂串　即是按照确定的参床方向和床的规格要求,钉上标桩或撒上白灰作标记。具体方法如下。

(1)确定基准线　基准线是参床走向的标准线。通常用罗盘仪或经纬仪测出。可将罗盘仪或经纬仪在地块一端的端点架设好,调节罗盘上的度数和床位要求的度数相符,通过镜筒找准标杆位置,使之和罗盘仪十字线相重合。在标杆点和罗盘仪重锤指点各插一个小标桩,用细铁丝或白灰连接两标桩,即成基准线。

(2)挂端线　从基准线的端点做垂直线即为端线,并按床宽和作业道宽度分别标明。

(3)挂串　将参床方向的两条端线上相对应的标桩,用细铁丝连接起来,两条铁丝间的面积即为一个参畦,参畦的长短,可根据地势和地块的长短而定。为便于起垄做畦,刨土时端线上的标桩不要拔掉或移动。农田栽参可在耕翻后进行定向挂串。

(四)刨　土

刨土的目的是疏松土壤,促进熟化,消灭杂草,防治病虫害,增加土壤通透性和蓄水能力,改善土壤性质,创造适合西洋参生长发育的良好土壤条件。

1. 刨土时期　无论是新林土,还是农田土,都要在用地前1年耕翻、休闲,使用隔年土。当年用土最好采取春刨、夏倒、秋使用,尽量使翻起来的土壤经过较长时间熟化。山地栽参多在用土前1年夏秋两季刨头遍土,翌年7月份刨二遍土,作播种地;9月份刨二遍土,作移栽用地。农田土和荒山坡地,要多次耕翻,从 5 月份开始,最好每半个月耕翻 1 次,1 年至少要耕翻 5～6 次。

2. 刨土深度　根据土层厚薄和做床用土量而定。土层薄的地方,尽可能地把可利用的黑土层和黄土层翻耕上来,但底层死土不能翻上来。土层厚的地方可按用土量决定刨土的深度,一般达 15～20 厘米即可。

3. 刨土方法　平地或缓坡岗地可用履带拖拉机牵引五铧犁或开荒犁耕翻。山地目前还以人工刨土为主。人工刨土是顺着畦串刨土,并将刨起来的土垄翻扣在畦串间,堆成土垄,以利于土壤充分熟化。刨土时要将树根全部刨出,树根坑要用土填平踏实,防止积水引起烂根。刨出来的树根、石块要运到磴上或场外。

4. 刨土注意事项　①当年用土,要在前 1 年或春季把土备好。农田土一定要使用隔年土。②犁翻或人工刨土,要深浅一致,床底要平。要避免雨天作业,以防止土壤板结。

(五) 倒　土

1. 倒土时期　在刨起的土壤熟化后,于春季干旱时期倒土。在栽参前把土垄打碎捣细,避免雨天作业。

2. 倒土方法　在适合机械化作业的地方,可用机械耙碎。人工倒土一般用三齿钩将土垄刨起打碎,清除树根、石块等杂物。碎后的土壤重新堆放到畦串中间,栽参前再倒 1 次便可使用。农田土在多次翻倒的基础上,9 月初起垄,栽参前再细倒 1 次即可。

(六) 做　床

1. 参床规格　参床亦称参畦。参床应在播种或移栽前做好。其规格一般根据地形、地势、土壤、遮阳棚种类、播种或移栽而定。目前,由于考虑节省土地资源和栽参用地紧张,各地都在研究如何提高土地利用率。对参床规格也都相应地做了一些改革,现在较普遍采用"一棚一畦"、"一棚二畦"、"一棚多畦"制。一棚一畦,畦宽 120～150 厘米,作业道宽 120～150 厘米;一棚二畦,畦宽 120～150 厘米,两畦间距 50～70 厘米,作业道宽 150～200 厘米;一棚多畦,畦宽 120～150 厘米,作业道宽 150～200 厘米,相邻畦间距 50～70 厘米。

播种畦因参根垂直生长,要求畦土厚些,移栽畦参根多平栽或斜栽,畦土可薄些。地势低洼,参床要高些;地势高燥,参床可低些。床长要根据地势而定,但不宜过长,以利于田间作业为准。

参床的高低,常受土层薄厚的影响。特别是山地,由于土层薄,常常达不到要求厚度,应设法解决。如果参床土层过薄,参床对温度和水分的缓冲性不好,影响植株生长。移栽床最好不要低于 20 厘米,播种床不要低于 25 厘米。

2. 做床时间 秋季栽种,一般在栽、播前 10 天左右将参床做好。过早床土易板结,不便于作业。过晚土壤过度疏松,不利于保墒防寒。春季栽种,必须在前 1 年土壤封冻前将畦做好,翌春栽播前松动表土层,之后进行栽参或播种。这样,既利于作业,又可减少床土水分过分散失。

3. 做床方法

(1)山地做床 山地做床要考虑调阳和排水两个环节,做到调阳和排水两不误。如果两者矛盾不好解决,则应考虑以排水为主来确定床向和做床方法。利用东阳、东北阳时以上午 9～10 时阳光退出参床为宜。具体做法是:如果整地时没有测定基准线和端线的,做床时先要测好基准线和端线。然后以基准线两端的端线为基础,用测绳沿端线量出床宽,插上标桩,再量出作业道插上标桩。把两端对应的标桩用细铁丝连接成床线,两线间即为参床的位置。将作业道上的土壤收到床上,拨正床向,倒匀土垄,然后用木耙耙土垄搂平,做成宽120~150厘米,高20~30厘米的床面即可。

(2)平岗地做床 平岗地参床皆利用东阳和东北阳。与山地做床方法相同,用测绳量出床面和作业道宽度,插好标桩,挂上床线。把作业道上的土收到土垄上,搂平,按所需规格做床。

三、西洋参标准化生产的播种和移栽

(一)播种时期

1. 春播 于4月下旬至5月上旬播处理好的催芽裂口种子,应适时早播、快播,以利于早出苗,保证苗全苗壮。如果在气温升高过快、土壤干旱的情况下播种,种子需萌发后再播种,以免影响出苗和参根质量。

2. 秋播 于晚秋至土壤封冻前(10月中下旬)播种催芽裂口种子,结冻前播完,翌年春天出苗。秋播时间充裕,有利于种子春季出苗,各地多采用,但需做好越冬防寒工作。

(二)播种方法

1. 点播 采用点播机械播种或用人工压穴器压穴人工播种,是实行合理密植的好办法。但种子播前必须精选,以保证种子出苗率和密度要求。点播可节省种子用量,种子分布均匀,覆土深浅一致,出苗整齐,生长健壮,种苗利用率高,产量高并且便于松土作业。

（1）**人工点播方式**　在做好的畦面上，先撒下覆土，再平整畦面，然后用压穴器从畦的一端开始，一器挨一器的压穴，每穴播一粒种子，再将撒下的覆土覆于畦面上，厚度 3～5 厘米。覆土后，用木板轻轻镇压，使土壤和种子紧密结合。秋播播后盖好防寒物，春播畦面要覆盖落叶或稻草，以利于保墒，促进出苗。

（2）**压穴器的制作**　用 2 厘米厚的硬木板，做成长 105 厘米、宽 40 厘米木框，在木框的两端按 3 厘米或 4 厘米或 5 厘米等距离锯成 1 厘米宽的缺口，再用 1 厘米厚、3 厘米宽、105 厘米长的木板条按 3 厘米、4 厘米、5 厘米等距做成楔形压穴条，将其安装在木框上的缺口中，即成一个完整的压穴器。

（3）**点播播种的密度**　用 4 厘米×4 厘米、5 厘米×5 厘米等距点播的播种量是 400～625 粒/平方米。用 5 厘米×7 厘米、5 厘米×10 厘米等距点播的播种量是 200～286 粒/平方米。如采用直播栽培技术，播种后 4 年收获，播种量为 125～200 粒/平方米，采用 5 厘米×10 厘米、7 厘米×7 厘米、8 厘米×8 厘米、10 厘米×10 厘米等播种密度。

2. 撒播　在播种量大、时间紧迫情况下可进行撒播。撒播省工但浪费种子，种子播后分布没有点播均匀，覆土深浅不一致，植株营养面积不均匀，参苗生长不整齐。

人工撒播方式。在做好的参畦中间，按覆土用量将覆土取出，等距等量堆放在参畦两侧，然后用木耙把畦土搂平并做成 5 厘米左右深的畦槽。要求畦边整齐，畦底要平，将种子均匀撒在槽内，覆土 5 厘米厚，再将畦面搂平。春播时上盖一层落叶或稻草（薄层）保墒；秋播时上覆一层落叶或稻草（稍厚一些），再压一些土壤，保护种子越冬。播种量一般为 200～600

粒/平方米。

(三)移　栽

西洋参多采用直播栽培方式,播种4年后直接起收、作货;但也有参照人参的栽培方法,采用育苗移栽技术栽培西洋参。因为西洋参是多年生宿根性植物,生长年限较长,从播种到收获需4年或更长的时间,播种的参苗在一地生长,土壤中营养消耗过大,植株个体相互拥挤,通风透光不良,易感染病害,影响西洋参的生长发育。改换新地,进行移栽后,使参苗有了一定的株行距,可以保证合理的营养面积和良好的通风透光环境。

1. 移栽时间

(1)春栽　北方一般在4月下旬左右,待栽参层土壤解冻后即可进行。春栽季节短,温度变化剧烈,风大,土壤易于干旱,如果栽参量大,短时间移栽不完,芽孢易被伤害或风干,影响成活率,如果土壤墒情较好,移栽量不大,做到边起边移栽,成活率可比秋栽高。

(2)秋栽　北方地区在10月中下旬至土壤结冻前均可进行。这个时期西洋参根部营养充足,芽孢完整,气候适宜,是移栽的较好时机。过早移栽,参苗没有枯萎,生长没停止,参根营养积累不足;同时,由于气温、地温高,易引起烂芽或感染病害;过晚移栽,天气寒冷不便作业,参根和土壤结合不紧密,易发生病害。秋栽易发生融冻型病害,要边栽边覆盖防寒物,保证做到当天栽多少面积就覆盖多少面积。

2. 起栽和选栽

(1)起栽　起苗俗称起栽子。起栽最好在栽参前1天进行。起栽量要根据移植速度而定,栽多少起多少,不宜存放过多或时间过长。起参量过多,堆放时间过长参苗易伤热,影响出苗。起参苗时,尽可能深挖一些,避免刨坏参根,不要碰伤芽孢;注意不拉苗,捡净,起出的参苗,严防风吹日晒,最好边起、边选、边移栽,保证参苗质量,提高成活率。需要长途运输的参苗,可用青苔把运苗箱底和四周铺好,以便保湿、隔热。要装一层苗,铺一层青苔。装箱时要摆放整齐、紧密,防止参苗来回窜动而损坏芽孢。运输时间越短越好。

（2）选苗　要选择根、须、芦完整,越冬芽肥大、浆气足、无机械损伤、无病虫害的参苗。淘汰不符合种苗标准的病、伤、干浆苗。选苗同时,可根据参根的长短、大小等进行分级,一般分 3～4 级。分级时,要轻拿、轻放,注意保护好芽孢。

3. 移栽方法

（1）平栽　参床需做栽参槽,槽深 5～8 厘米,后将参苗平置于槽内,覆土搂平即可。一般地势低洼,又易积水的地块多采用平栽。

（2）斜栽　将西洋参苗斜置于畦内,参苗和畦面呈 30°角斜放,一般山地栽参和土壤易干旱的地块多采用,具有抗旱作用。

（3）栽植方法　每两个人一组,在畦的一端开始,共用一把栽参尺,用刮土板或铁锹开斜面槽,斜面槽的坡度为 30°,槽宽 15～20 厘米,将参苗斜放栽槽内,芽孢紧靠槽壁,摆放要整齐成行。将须根顺直,用刮土板或铁锹先取少量土压好,再用大量土把参苗全部覆盖,并刮平畦面。然后按行距要求移动栽参尺,栽植下 1 行,如此连续进行,等栽到最后 1 行时,倒栽 1 行。然后搂平畦面,稍加镇压。

4. 覆土　一般根据参苗等级和土壤疏松程度确定覆土深度,大苗覆土深度 7～8 厘米,小苗覆土深度 5～6 厘米,地势高燥，土壤疏松，覆土可深些，地势低洼，土壤黏重，覆土要浅些，要因地制宜。覆土后用木耙搂平畦面，贴好畦帮。

5. 移栽注意事项 ①移栽时参苗要用湿布或塑料薄膜盖好，随栽随拿随盖，防止风吹日晒。②参苗要等距顺直摆好，芽孢栽一条水平线上，不得有前有后，有高有低，否则出苗不一致，生长不整齐，影响松土除草等田间作业。③覆土时防止卷须，深浅要一致。④雨后土壤发黏易板结，不宜马上栽参。⑤春栽时，栽后要上覆落叶保墒；秋栽时，栽后要及时覆盖落叶或稻草，上面还要压膜或压土，做好防寒工作。

四、西洋参标准化生产的遮荫方式

西洋参属阴性植物，必须进行遮荫栽培。遮荫方式不同，对西洋参的生育、产量和质量都有直接影响。为此，西洋参栽培必须实行科学、充分合理利用光能，提高西洋参光合效率，达到优质、高产、高效目的。

（一）美国西洋参的遮荫方式

在美国种植西洋参，采用高大的遮阳棚，把若干公顷的土地苫成大棚，拖拉机可以在棚内作业，一般遮荫为 70%～75%（即透光率 25%～30%）。美国南部地区透光少些，北部地区透光多些。遮荫材料多为板条棚子，遮荫 75%左右。板条宽 4 厘米，间隔 2 厘米，每苫长 400 厘米，宽 120 厘米。还有黑色尼龙纱（聚丙烯织物）棚，遮荫为 78%，但至畦面则为73%。黑色聚丙烯织物紧密组成不透光的 4 厘米宽的黑条带，间隔 2 厘米宽是稀织的透光部分。

遮阳棚高 220 厘米。板条棚每公顷用立柱 950 根，柱粗

15 厘米,柱高从床面算起 190 厘米,柱间距离 400 厘米和 600 厘米,每隔一畦的畦中间埋设一根立柱,使拖拉机跨畦作业不受影响。黑色尼龙纱棚因为重量较轻,可比板棚节省立柱 2/3,柱间距离可为 720 厘米,每公顷用立柱 295 根。板条棚立柱上用 600 厘米和 1 200 厘米的棱木搭起梁架,上面铺放板条苦子。尼龙网棚不搭木框,用钢丝绳拉紧后铺放尼龙纱布,比木板棚节约 1/3 的资金。

(二)我国西洋参的遮荫方式

在我国西洋参引种的初期,有些地区用仿美国的板条棚,但架式和面积都没有美国的规模大,属于改良式的板条棚。后来经逐步摸索,借鉴我国人参的栽培和遮荫技术,形成了具有中国特色的西洋参遮荫方法。我国栽培西洋参所用的遮阳棚,按透光透雨情况可分为全遮阳棚、单透光棚、双透光棚;按畦棚搭配状况可分为单畦棚、双畦棚、多畦棚;按遮阳棚结构样式可分为平棚、一面坡棚、脊形棚、拱形棚、弓形棚、连接式一面坡棚;按搭棚材料分有苇帘棚、柳条棚、竹帘棚、布棚、塑料薄膜棚等。目前我国生产上使用的多为固定式的单畦拱形透光棚,少数为固定式的多畦透光大棚或固定式的多畦双透平棚和改良式的平棚。下面按透光透雨状况介绍几种棚式。

1. 全遮阳棚 是借鉴人参的遮荫技术。用苇帘、稻草帘等作苦棚遮荫材料。此种遮阳棚下光的状况相当复杂,有直射和散射两种光照时期,即 9 时之前和 14 时之后畦面进入直射光,9～14 时为散射光。直射光强度高,变幅大,散射光强度低,变幅小,直接影响遮阳棚下小气候变化及不同畦位的西洋参的生长发育,参株生育颇不均衡。因此,全遮阳棚条件下栽培的西洋参产量较低、质量差,且苦材用量大,成本高。但在我国南方低纬度高海拔山区栽培西洋参适用,因其有助于防止高温、强光和强紫外线对西洋参生育的不良影响。

2. 单透光棚 这是一种透光不透雨的遮阳棚。也是中国人参常用的遮荫方式。单透光棚比全遮阳棚光照状况均匀,9～14 时参床仍能接受到一定强度的直射光照,从而提高西洋参的光合作用强度,使西洋参生育更健壮,参根增重速度快,产量高,质量好。

单透光棚的结构:将耐低温、抗老化的 PVC 农膜夹于两片透光的苇帘中间,苇帘透度(苇把:透缝)一般为 2∶4～6,相对照度约 20％～30％,没有苇帘的地区,可用秫秸、蒿秆、木条代用。

3. 双透光棚 是一种既透光又透雨的荫棚。该棚比全遮阳棚更能合理利用光能,参根增重速度更快;同时,能够充分利用自然降水,避免旱害发生,节约灌溉能源和资金,降低生产成本。合理采光是双透光棚栽培西洋参的重要条件。应用苇把粗 1～2 厘米,间隙 1～2 厘米参帘遮荫,采光效果较好。

(三)遮阳棚的架设

1. 架棚的时间 最好在秋季土壤封冻前埋好立柱,也可在播种或移栽时随即埋设好。一般在 4 月下旬至 5 月上旬上好一层帘,等接一场春雨后,再上塑料膜和二层帘,时间是 6 月上旬左右。

2. 架棚方法

(1)全遮阳斜式棚的架设 前檐立柱高 110～120 厘米,后檐立柱高 80～90 厘米,前、后立柱间距 120 厘米,横杆长 180～200 厘米,4 条顺杆在横杆上等距排列。一般参帘150～

200厘米,长500厘米,先铺一层帘,上塑料膜后再上二层帘。要求立柱要埋牢,横、顺杆要绑紧,参帘上压条要绑实,以坚固持久为准。

(2)拱式单透光棚的架设　先制作棚架、后顺床等距埋设,之后在埋好的棚架上绑三条顺杆,其上固定拱条,铺两层苇帘,中间夹一层薄膜,绑好压条。制作棚架时,要求前后立柱等高,长130～140厘米,埋完后横杆至畦面高度80～90厘米,钉好横杆和叉木,横杆长200厘米,叉木距横杆高35～40厘米,拱条间距40～50厘米,固定在顺杆上。制作参帘时,要求帘宽200厘米,长250～300厘米,把束直径3厘米,间隙6～8厘米,其透光率应达到20％～25％。

(3)双透棚的架设　立柱多用水泥立柱、石条、小径木等埋设,一般棚高从畦面算起为170～190厘米,间距400厘米×400厘米、400厘米×600厘米等,用8号铁线拉成横、顺线,上盖苇帘遮荫,帘的把束间隙1厘米左右,其透光率应为20％～25％,参帘用铁丝绑牢。

第四章　西洋参标准化生产的田间管理

一、西洋参田间管理的必要性

西洋参在生长发育过程中的田间管理就是从播种、移栽到收获前,对西洋参进行的一系列管理措施。其作用是调节西洋参各生育期的生理活动,促进或控制其生长发育,以提高产量和质量。实践证明,适时细致的田间管理对任何栽培作物都是一项十分重要的技术措施。尤其是西洋参的栽培,必须加强田间管理,为生长发育创造良好的条件。适时细致的田间管理能减轻和防治西洋参各种病害的发生和发展,并能提高西洋参的产量和质量。

二、西洋参出苗前的田间管理

(一) 撤　雪

秋季封冻前或春季化冻后,降落到床面上的雪融化后,容易渗到床内引起参根腐烂,必须将雪及时撤下来,俗称"推雪"。对于不下帘的参棚,当冬季积雪达到一定厚度时,也要清扫下来,以免压坏参棚。

(二) 防止桃花水

在参区常把春天积雪融化的水,称为桃花水。在每年3～

4月间,积雪开始融化,常因排水沟不疏通,雪水流不出去,造成积水浸入床内,汇流地方易冲坏参床,或从床面浸过,致使受害的西洋参易感病烂芽,烂根。所以,必须做好预防工作,当冰雪融化时,要有专人检查,把存水的地方疏通,排出桃花水。

(三)预防缓阳冻

西洋参与我国人参一样,也容易发生缓阳冻害。初冬和早春气温变化剧烈,特别是向阳风口的地方,白天化冻,晚间结冻,一冻一化,俗称缓阳冻,易冻坏西洋参根部。因此,结合清理排水沟,往床面多加一些土或盖上防寒物,可防止缓阳冻的发生。

(四)维修参棚和清理田间

春季雪融后至出苗前,要把倒塌、不结实的棚架修理补好,以防倒塌损坏参苗。同时,要将床面、水沟和作业道上的杂草、烂木等杂物彻底清除,保持田间卫生和雪水的畅通。

(五)撤除防寒物

春天天气逐渐转暖,当西洋参根系下部土壤解冻2厘米时,或西洋参芽胞开始萌动时,即可撤除防寒物。撤除时间在4月下旬至5月初。在气温正常的情况下,没有缓阳冻的威胁,可尽早撤去防寒物,促进西洋参提早萌动出苗,以利于延长西洋参生长发育时期,提高产量和质量。

撤掉覆盖的稻草、落叶,用木耙子将其余防寒物搂到床帮两边,搂平床面,并适当松土,深度以不损伤参根和越冬芽为准。这样,有利于幼芽出土,防止憋芽,以免影响幼苗的正常生长发育。搂土时要注意不搂伤芽胞。如果早春干旱,可把土覆在床帮上,用脚踩实,以利于保墒;若早春湿度适宜,可把床上、床帮土撤掉。如果发现床面土壤板结,影响幼芽出土,要及时松土或床面浇水,促进幼苗生长。

三、西洋参生育期的田间管理

(一)清理排水沟

西洋参为阴性植物,不耐干旱。因此,在其生长过程中要注意调节土壤湿度,促进它的生长发育。土壤湿度大,易造成土壤通气不良,参根容易腐烂;湿度小,不利于生长。可采用挖、填排水沟的方法来调节床内土壤水分。根据床内湿度大小,决定清理排水沟的时间。床内土壤湿度大时,可在撤防寒土后进行,床内土壤湿度小时,可延缓挖排水沟,但在伏雨季节应注意挖好排水沟,沟底要平整,做到排水沟通畅。

(二)苫 棚

苫棚是西洋参田间管理的关键技术措施,一般在撤除防寒土时就应该准备苫棚。在雨季来临之前或早春干旱季节,可上覆一层帘子遮蔽阳光,雨季来临时可在一层帘的上面铺一层参用塑料膜,上面再压上一层帘,并固定好,这样就成为单透光棚。苫棚应注意以下几点:①苫草帘时两端要整齐,苇帘要拉紧,防止重叠,影响透光率。②苫塑料薄膜时,注意不要撕坏,尤其是苫大棚时,要选择无风天气进行。如有塑料薄膜扎坏的,要及时修补好。③需要固定的地方一定要固定牢固,用铁丝捆好,以防刮风时起空,造成损失。

(三)松土除草

我国西洋参的栽培管理多借鉴人参的管理方式,其直播田和育苗田不松土,只在早春撤下防寒土时用木耙把床面轻轻松动一下,视情况拔出杂草,以保持床面清洁。一般全生育期除草3~5次。苗田拔草时,要适当疏掉过密苗,拔除病株和弱苗。

(四)床面覆盖

当参苗基本出齐以后,及时用落叶或稻草覆盖床面。它可以调节和缓冲土壤水分的变化,干旱时可防止土壤水分大量蒸发,多雨季节又可防止床内水分增加。覆盖也可使雨水不能直接淋洒床面,减轻病害的发生,防止土壤板结,并且可缓冲土壤温度的急剧变化,还可减少杂草的生长,有利于参根的生长发育。

其方法是:在西洋参参苗基本出齐后,将落叶或稻草均匀地覆盖于床面上,厚度5厘米左右。作业道也可少量用落叶覆盖,以减少土壤水分蒸发和杂草生长。

(五)扶苗培土

对于单畦或双畦斜棚移植的西洋参,其地上部有趋光性,它们会迎着阳光生长,靠床边的植株,生长中常常伸到棚外,因而需要将其扶向棚内,这就是扶苗。由于伸到棚外的参苗,在夏季到来后,由于日光强烈照射,加之雨水增多,容易发生日灼病和斑点病等病害。因此,需要将其扶到棚内,以防止植株受到危害。

扶苗要与培土结合进行。4~5年生的西洋参,因其植株高大,相对覆土就较浅,容易被风吹倒,要加厚覆土层,稳定植株,防止倒伏。扶苗培土一般在6月中下旬进行。过早植株幼嫩质脆,容易折断;过晚茎叶易受伤害。一定要适时进行。

方法是先用锄头将床帮铲透,然后将前、后檐每行1~3株参,扶到立柱里面。先从床内开始,将内侧床土向外扒成窝,轻轻将参株推向里面,倾斜12°~17°角,把土推回,拍实外侧植株土壤。然后以此法扶第二株、第三株参。3株参苗扶完后,将床帮土壤捣碎培到床面上,整平床面,刮平床帮,清理杂物,盖好落叶。

根据覆土层的厚薄、参株生长状况和土壤水分大小等因素决定培土的厚度。土壤水分大,参苗小时,可少培些土,反之则多培些土。

(六)防旱排涝

西洋参生长的好坏,产量的高低,质量的优劣,病害发生的程度都与水分有直接关系。水分适宜,植株生长健壮,病害发生程度低,浆气足,质量好。土壤水分过大,容易造成烂根,保苗率低,影响产量;反之土壤干旱,对西洋参生长也不利,影响西洋参正常生长发育。因此,对水分的调节,是西洋参栽培过程中的一项非常重要的管理技术措施。

土壤的土质不同在西洋参生长发育过程中要求含水量不同。土壤沙性大,有机质含量低,要求土壤含水量在20%~30%。土壤含有一定沙性,有机质含量较高,土壤含水量应在30%~40%。不含沙的腐殖土,有机质含量高,土壤含水量应在40%~50%。所以,要根据不同土质等条件,因地制宜地调节好西洋参生育期的水分管理。水分调节方法如下。

1. 防旱 我国北方西洋参产区的自然条件特点是十春

九旱,特别是春季要做好防旱准备。先不要挖排水沟,把作业道疏通好,挖成鱼鳞坑,叠成拦水坝截住雨水,使之渗入畦内,天气干旱,近期又无雨时,可用作业道土壤贴床帮,包床头,以防畦内水分蒸发。

(1)放雨 春季干旱,新栽地可先上一层帘,等接受部分雨水后(放雨),再上第二层帘,这主要用于单透光棚。放雨时应注意,气温、土温、雨水较协调时才放雨,否则会影响西洋参的生长或导致病害发生。如遇暴雨、急阵雨不放。放雨后应立即喷洒农药,保护参苗,防止病害发生。

(2)灌溉 当土壤干旱,其他方法不能满足西洋参生长需要的水分时,可进行人工或机械灌溉。直播地可在床帮上开沟进行侧灌或床面直接喷洒;移栽地可在行间开沟浇灌;也可以将作业道一头用土堵上,将水浇入,使之慢慢渗入畦内。有条件的地方可采用喷灌、滴灌、渗灌等方法。灌后浅松土,破除板结层,保持土壤水分。人工浇水时应注意在早晚或阴天进行,保持水温、土温和气温的一致性,并且要一次浇透。

西洋参在不同的生长发育时期,对水分的需求是不同的。一般3年生以上的西洋参,在开花期需水量较多,应及时观察墒情,提早供水。

关于灌溉时间,可根据当地自然条件,视土壤含水量多少而定。一般在播种前、栽植期和生长期都可以进行灌溉。

2. 排 涝

(1)清挖水沟 当多雨季节到来时,对低洼地块要勤清、深挖排水沟,沟底要平,并低于床底,防止雨水向床内渗入,使多余的降水尽快流出栽培区。

(2)苫好荫棚 低洼易涝的地块,要严防参棚漏雨。如床内水分仍然很大,可采取切床帮,勤松土的方法,促进水分蒸发。

(3)放阳 春季土壤水分过大时,可选择晴天打开遮阳棚放阳,加速畦内水分蒸发。也可采取延迟苦棚等措施,排除过多的水分。

(七)调节光照

西洋参属半阴性植物,要求在较弱光照下生长。在炎热的夏天,尽管有遮阳棚遮光,但高温和强烈的太阳斜射光也会影响其生长发育。因此,需要采取一些光照调节措施,以确保正常生长发育。

1. 调光时期 从夏至前后(6 月中旬)开始,至立秋前后(8 月下旬)为调光时期。

2. 调光方法

(1)插花 入伏前,用不易掉叶的榛柴、柞树枝等,插在檐头或床缘上面,用来遮挡部分太阳直射光。

(2)挂帘 用秸秆、芦苇、蒿秆等制作花帘(宽 50～60 厘米,束间距 2 厘米),挂在前后檐的顺杆上。这种方法操作简单,有利于田间卫生,遮光效果也好。在下午 4 时将帘掀到棚顶,翌日上午 9～10 时再放下来,使西洋参能够利用早晨和傍晚的弱光。

当太阳光照强度逐渐减弱到一定程度时,需要及时撤掉插花和挂帘,以增强西洋参的光照。

西洋参的调光要根据具体情况而定。在温度低的年份,阳光对植株的危害不大,也可不插花和挂帘。总之,要灵活掌握。

(八)摘除花蕾

1. 摘蕾对西洋参产量的影响 摘除花蕾是西洋参增产

的重要措施。田间调查结果表明,摘蕾比对照小区产量提高37%,参根增重提高24%(表4-1)。西洋参摘蕾可减少生殖生长对营养的消耗,从而有利于参根增重和提高产量。

表 4-1 摘蕾对 4 年生西洋参产量的影响

处 理	平均单产 (千克/米²)	相对值 (%)	原栽单根重 (克)	收获单根重 (克)	增重相对值 (%)
摘 蕾	1.48	137	5.42	28.2	124
对照(采种)	1.08	100	5.42	22.8	100

(引自尤伟,西洋参栽培技术,1999)

2. 摘蕾对西洋参优质参率和折干率的影响　摘蕾对西洋参的产量有直接的影响。一等参优质率、一等参重量比率及折干率,摘蕾比对照分别高 8.7,12 和 2.8 个百分点。

相关试验结果还表明,3 年生西洋参连续采种,减产幅度在 30%左右,可见西洋参留种对产量的影响是很大的。为减少西洋参营养的过度消耗,促进参根生长和有效成分的积累,除留种田外,必须全部摘去花蕾。

3. 摘蕾时期和方法

(1)摘蕾时期　一般是在叶片全部展开后。不要过晚,否则会消耗一部分养分,影响参根的生长发育。

(2)摘蕾方法　一只手扶着参茎,另一只手由花梗的基部掐掉花蕾,或用剪子剪断花蕾,摘蕾要细致,不要漏摘。摘蕾一定要在晴天进行,因为阴雨天植株伤口不易愈合,容易感染病害。

(九)放雨、放阳

4 年生作货的西洋参,在立秋后应将遮阳棚拆除,进行放雨、放阳。目的是使西洋参能够多接受一些阳光和水分,促进光合作用,更多地积累营养物质。这样,不但使西洋参浆气足,产量高,而且加工的成品参品质也好。

(十)越冬防寒

我国引种西洋参,关内各地都能安全越冬。但在我国西洋参主要引种地区东北则需要做好越冬防寒工作,否则易发生冻害,造成重大损失。在我国大面积引种试栽早期,1976年和1981年东北地区先后两次出现大的冻害,黑龙江和吉林两省尤为严重,西洋参受害率一般在50%~60%,重者高达80%,甚至全部毁掉,造成严重损失。因此,必须因地制宜加强防冻措施。

据报道,1976年冬,东北地区气温低而持久,温差大,加之当时我国刚刚引种西洋参不久,缺乏经验,防冻措施未能及时到位,致使各地西洋参出现不同程度的冻害。如黑龙江森林动物园,受害率100%,中国农业科学院特产研究所(位于吉林省)受害率85.68%,辽宁桓仁参茸场受害率66.3%。1980年冬,东北有些地区也出现了冻害,受害率达40%~50%。

1. 东北地区西洋参冻害发生的表现与原因 东北地区西洋参冻害主要表现为越冬芽和根茎腐烂,严重者主根脱水软化。越冬芽受冻害后当年不出土,如果根部没有腐烂,长出新芽后,翌年尚可出苗;如果西洋参根茎受冻害后,则根部全部烂掉。

引起西洋参冻害的主要原因是:栽植地区的早春、晚秋温度范围在零上和零下反复、急剧变化。另外,与地势低洼、土壤含水量高,降雨、降雪过大及参苗质量不好等因素也有密切的关系。

　　一种生境，决定着一种植物的生态型，一种生态型则要求相适应的生境，一旦生境改变，必然导致植物新陈代谢的失调。西洋参从原产地北美洲东部温暖湿润的阔叶林下，引种到我国东北，在东亚季风气候条件下，气温、雨量、空气湿度、无霜期和北美同纬度地区相比，都是有明显的差异的，加上我国东北地区有时气温变化无常，特别是晚秋和早春土壤一冻一化的急剧变化，使西洋参易遭受冻害。据报道，西洋参安全越冬的宿根层日平均地温不能低于 $-10℃$，低于 $-10℃$ 就会发生冻害。

　　还有西洋参引种我国东北后，其生长日数减少，也影响着贮藏物质的转化和积累，从而降低了抗寒力。西洋参在原产地的无霜期是 140～200 天，而吉林省、黑龙江省等引种栽培地区无霜期为 120～140 天，由于生长发育时间的缩短，提早进入冬季休眠，影响了贮藏物质的积累和转化。当秋季骤然降温时，有机物的转化将受到影响，叶绿素没有完全破坏和失去，离层还没有形成，绿叶就被冻干在植株上，使西洋参的抗寒能力减低，从而产生冻害。

　　不利的田间小气候，特别是封冻前水分过多时，也能导致西洋参冻害的发生。调查表明，不同的土质、地势及参畦的位置，西洋参冻害表现出明显的差异。在地势高燥、背风向阳、排水良好的地段，冻害较轻或无冻害。

　　综上所述，西洋参的冻害是综合作用的结果，低温是主导因素，水分是条件，两者交织在一起，导致冻害的发生。

2. 西洋参的越冬防寒措施

（1）封冻前覆盖好防寒物（稻草、落叶、表土等）　如果过晚，土壤结冻，作业不便，影响防寒质量。

（2）注意封冻前、结冻后土壤水分管理　采取必要措施，适当控制床土湿度，可减轻或避免冻害的发生。

（3）在迎风处架设防风障　西洋参铺设防寒物的时期，东北地区一般在10月中旬左右进行。先在参床上铺15厘米左右厚的覆盖物，并将床帮全部盖严，然后再把作业道上的土壤扣压在覆盖物上。土层厚度在10厘米左右。这样，使土温缓慢、均匀、稳定的下降，有利于西洋参抗寒锻炼顺利进行。在新栽地，要加强防寒措施，除在参畦上覆盖防寒物外，再加一层旧塑料薄膜。为防止老鼠进入参床覆盖物中咬断参根，参床每隔一段距离需投放一堆鼠药。

第五章 西洋参标准化生产的施肥技术

一、西洋参标准化生产提倡施用的肥料种类

西洋参标准化生产的重要内容就是在西洋参种植过程中,提倡施用生态肥料,以保护环境使西洋参生产与生态环境协调发展。

西洋参标准化生产允许使用的肥料种类有:农家肥、绿肥、菌肥、叶面肥、饼肥、腐殖酸类肥料、动物性杂肥、沼气发酵残渣,以及发酵工业废渣等生态肥料。

(一)农 家 肥

农家肥是一种天然、优质、高效的有机生态肥料,来源方便、丰富,既能均衡供应养分,又能改良土壤结构,提高药材品质,不污染环境。它包括厩肥和土杂肥等。使用前一定要沤烂,充分腐熟,最好做高温堆肥以杀灭各类病原菌,使用会更安全。应大力提倡高温堆肥,因为在堆制过程中,物料发酵能使温度达到 55℃～70℃,持续时间达 10～15 天,可杀死废弃物中的病原微生物、虫卵及杂草种子等。并对废弃物中所含的有机氯农药如六六六、DDT 等有明显的降解作用,对六六六的降解率可达 60%～80%,对 DDT 的降解率可达 50%～70%。

(二)绿 肥

如作物秸秆肥料,可使土壤的保肥透水性加强,耕作性变

好,加速土壤熟化,减少土壤养分损失,在贫瘠土壤、盐碱土上施用绿肥,效果更加明显。为加速绿肥分解,提高肥效,可事先进行堆制或沤制。应注意控制施用量,提高耕种质量或提前进行堆制、沤制后再使用。

(三)生物菌肥

生物菌肥即微生物肥料,是含有大量活性有益微生物个体的生物肥料,包括腐殖酸类肥料、根瘤菌肥料、磷细菌肥料、复合微生物肥料等。生物菌肥一般由多功能复合菌体和工农业生产中含氮、碳的有机废弃物配制而成,主要依靠微生物的缓慢分解作用,发挥其肥效,可有效减少中药材中硝酸盐的含量,改善中药材品质。菌肥在应用时不能与抗生素混合使用,可作基肥、种肥等。菌肥主要有以下品种。

1. 复合菌肥 含有几种甚至几十种有益微生物的混合生物肥料,能适应不同地区、气候、土壤条件,扩大和提高菌肥效果。凡是没有生物拮抗作用的菌肥都可组成复合菌肥使用,如五四〇六菌、增产菌等。在实际应用时,还应适当与其他肥料搭配使用,特别是与其他有机肥料搭配,才能起到好的效果。

2. 抗生菌肥料 是指含有活性抗菌微生物,同时能促进土壤中养分转化的微生物制剂。如五四〇六菌肥,能分泌激素类物质,加速土壤中氮、磷的转化,杀死有害病菌,使作物增产 $10\%\sim25\%$。可作基肥或追肥,浸种与蘸根等方法均可,也可与其他有机肥堆制发酵或与菌肥混合使用,以提高肥效。

(四)叶 面 肥

叶面肥种类多,大多为无机型,少量是有机型如氨基酸、腐殖酸等，能起到植物根系施肥所起不到的作用。包括微量元素肥料，即以铜、铁、硼、锌、锰、钼等微量元素及有益元素为主配制的肥料。使用时要严格控制浓度，以免灼伤叶片，通常浓度为 0.001%～1%。在植物生长需肥高峰期和最大生长期或缺素状态下使用，且要连续喷施几次，有的可以与其他农药同时喷洒。

(五)饼　肥

饼肥是一种肥效高、长效的有机肥，适用于各种土壤和植物。生产中多用在经济价值较高的植物上，可作基肥或追肥，用前尽量粉碎。未发酵腐熟的饼肥应避免与种子直接接触，否则影响发芽。

二、西洋参标准化生产的施肥
原则与应注意的问题

(一)施肥的原则

西洋参标准化生产的施肥原则应是：以有机肥为主，辅以其他肥料；以多元复合肥为主，单元素肥料为辅；以施基肥为主，追肥为辅。尽量限制化肥的施用，如确实需要，可以有限度有选择地施用部分化肥。但应注意掌握以下原则：①禁止使用单一的硝态氮肥。②控制用量，一般每 667 平方米不超过 25 千克。③化肥必须与有机肥配合施用，有机氮与无机氮比例为 2：1，少用叶面喷肥。虽然叶面喷肥能增产，但氮素在叶片表面直接与空气接触，最容易转化成硝酸盐，由叶片进入中药材产品，造成污染。④最后 1 次追施化肥应在收获前 30 天进行。

为降低污染，充分发挥肥效，应实施配方施肥，即根据西洋参营养生理特点、吸肥规律、土壤供肥性能及肥料效应，确定有机肥、氮、磷、钾及微量元素肥料的适宜用量和比例以及相应的施肥技术，做到对症配方。具体应包括肥料的品种和用量，基肥、追肥比例；追肥次数和时期；以及根据肥料特征采用的施肥方式。

(二)应注意的问题

1. 化肥要深施、少施、早施 深施可以减少氮素挥发，延长供肥时间，提高氮素利用率。早施则利于植株早发快长，延长肥效，减轻硝酸盐积累。一般铵态氮施于 6 厘米以下土层；尿素施于 10 厘米以下土层。

2. 配施生物氮肥，增施磷、钾肥 配施生物氮肥是解决限用化学肥料的有效途径之一。磷、钾肥对增加西洋参抗逆性有着明显作用。

三、西洋参标准化生产的施肥技术

(一)基肥的施用

西洋参播种或栽植后，在一地通常要生长 2～4 年，需要补充营养，尤其是农田栽参要施肥，改良土壤，以提高土壤肥力。有机肥(农家肥)是迟效性肥料，是最好的基肥。可以结合倒土、做床，或移栽时施入充分腐熟的有机肥料，与土壤拌匀，施入参床底层，以防烧须或侵染病害。

施肥量为腐熟落叶 10～15 千克/平方米；饼肥 0.1～

0.15 千克/平方米;绿肥 15～20 千克/平方米;苏子(炒熟) 0.05 千克/平方米;五四〇六菌肥 25 千克/ 平方米。必要时适当拌施过磷酸钙 0.05～0.1 千克/ 平方米。

(二)追 肥

宜适时早追,于出苗后展叶前追肥,结合松土,行间开沟,深度以不伤根为度,追施饼肥或苏子 0.1～0.15 千克/平方米,也可拌施过磷酸钙 0.05 千克/平方米及其他微量元素,追肥后要适量浇水,适时覆土,上盖落叶,以利于保墒,发挥肥效。

(三)叶面喷肥

在西洋参展叶、青果、红果期 3 次喷施 0.2%～0.5%磷酸二氢钾溶液,亦可喷施其他叶面肥。

四、西洋参生长与肥料的关系

据报道,西洋参根、茎、叶中含有 19 种以上的元素,1～5 年生西洋参所需的氮、磷、钾、钙、镁的量随着年生的生长而增加。2 年生的吸收量约为 1 年生的 5 倍,3 年生是 2 年生的 2.5 倍左右,4 年生是 3 年生的 2～2.5 倍。各年生吸收氮、磷、钾的比例近于 8:1:3,吸收钾、钙、镁的比例近于 3:3.5:1。

在微量元素中,西洋参对铁、锰的吸收量最多,1～4 年生中,吸收铁、锰、锌、硼、铜的总量(毫克/株分别为:1.732,0.644、0.51、0.355、0.15)。

西洋参对氮的吸收量较多。供给氮肥以硝态氮和铵态氮等量混合为好。缺少氮肥的叶片,氮含量小于 1.5% 时,叶片褪色,嫩叶变黄,光合作用能力显著下降。因为氮是构成蛋白质的主要成分,而蛋白质又是细胞原生质的主要成分,也是酶、维生素、叶绿素及核酸等不可缺少的成分。因此,西洋参生长期,土壤中氮肥适量,可增加叶绿素的含量,增强光合作用。西洋参如果缺氮,生长就会受到抑制,植株矮小。氮素过多,则易出现碳、氮比例失调现象,使蛋白质含量增加,碳水化合物含量降低,造成茎叶徒长,抗病力下降。

磷是原生质的主要组成成分,它在细胞里一部分以无机态存在,另一部分以核酸、核蛋白、卵磷脂等有机态存在。植物的代谢,有机质的合成、转化、运输、贮藏都离不开磷。磷可促进根系发育和植株生长,而且还能增加细胞中束缚水的含量,增加西洋参抗旱、抗寒及抗病性。缺磷时植株生长缓慢、矮小,叶片瘦小、暗绿色,缺乏光泽,根系不发达,果实不饱满,严重时叶片边缘出现紫红色斑点。

钾能直接参与西洋参的代谢过程,它作为酶的活化剂,能促进代谢功能。钾能促进光合作用产物的转化和运输,增强气孔的正常生理功能,促进西洋参输导组织的正常发育,增强植株吸水和保水力,促进根系发育,提高抗病力,增强抗逆性。缺钾时叶尖缺绿变黄,叶缘卷曲下垂,参根发育不良,易感病。

第六章　西洋参标准化生产的病、虫、鼠害防治

在西洋参生产中,病、虫、鼠害危害较为严重,所以防治病、虫、鼠害是保障西洋参稳产、高产、保证质量的关键一环。

一、西洋参病害及其防治

(一)西洋参黑斑病

1. 危害症状　西洋参黑斑病在苗期和成株期均可发生。参株地上、地下任何部位,如根、侧根、根茎、芽孢、茎、叶柄、花轴、果实、果柄、种子等均能被侵染引起发病,但以叶、茎、花轴、果实、果柄受害最为普遍。被害叶片的叶尖、叶缘和叶片中间产生近圆形或不规则的水浸状褐色斑点。初为黄褐色,后变黑褐色,病斑中心色淡,干燥后极易破裂,阴雨潮湿则病斑迅速扩展,达全叶片及叶柄时叶片即枯萎脱落。罹病的茎、大叶柄、花梗等处产生椭圆形褐色病斑,逐渐延伸成长条斑,病部凹陷,着生黑色霉层状病菌子实体。严重时植株折垂、倒伏、病株上部干瘪枯萎,引起"倒秸子"。花梗发病后,造成花序枯死,果实与籽粒干瘪形成"吊干籽"。被害果实表面生不规则褐色、水浸状病斑,果实逐渐干缩,上生黑色霉层,胚乳变黑腐烂。根部被害时,主根、侧根、根茎、芽孢开始呈棕褐色、湿腐病斑,烧须,并蔓延拓展全根,变黑腐烂(图 6-1)。

2. 发病规律及侵染循环　附着于参苗或病残体上越冬

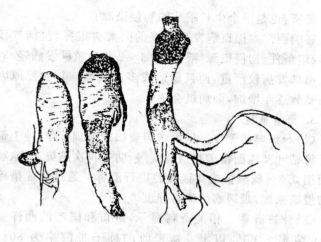

图 6-1　西洋参黑斑病被害参根

的病菌分生孢子在气温 5℃～35℃,空气相对湿度 50%以上时即可萌发,其中气温 20℃～25℃,空气相对湿度 98%以上时最适孢子萌发。病菌侵入要求气温 10℃～30℃,空气相对湿度 90%以上的条件,但以气温 15℃～20℃、空气相对湿度 98%以上的高湿,最有利于侵染。每年 5 月下旬土壤温度稳定达到 10℃～15℃,土壤含水量为 23.5%～26%时,是参床土壤中参根、芽孢及茎开始发生黑斑病的外界条件。此时出现的茎斑病株,便成为参田中心病株,在适宜条件下产生大量的分生孢子,随风传播到健康的植株上附着,气温 18℃～21℃,晨露或雨后茎叶表面形成一层水膜时,附着其上的分生孢子,在 4 小时内即可萌发,侵入植株,迅速繁殖。在防治不力的情况下,黑斑病菌在整个生育期会形成多次侵染,造成参苗成片死亡。覆盖物及病残体是分生孢子越冬或躲过干热气候的场所,也是下个生长季节的初侵染源。

影响西洋参黑斑病发生发展的因素有很多,包括气候因素、栽培条件、初侵染源等。一般1～2年生植株发病轻,3～4年生植株发病较严重,而且易造成多次侵染。其主要原因是病菌基数逐年增加,染病机会增多。

3. 防治措施

(1)加强田间管理　秋季参园要搞好清理工作,地上部回苗后将枯叶及床面覆盖物清除烧毁,防止再次感染。春、秋季畦面用0.3%硫酸铜或高锰酸钾进行消毒。通过农业措施减少初侵染来源,延缓病情流行速度。

(2)种苗消毒　相关资料显示,进口和国产的西洋参参籽,带菌率为60%以上。新采收的种子带菌率为30%～90%。在种子处理过程中,带菌率会明显升高。为防止种子带菌,一般在种子处理时以1%的福尔马林溶液浸种10～15分钟,或以500毫克/千克的代森锰锌拌种。用200毫克/千克多抗霉素,或咪唑霉400倍液,防治西洋参种苗黑斑病,效果也显著。

(3)参苗药剂预防　参苗出土后,要及时喷药预防。特别是旧病区,在出苗前以0.3%硫酸铜消毒,展叶期每隔7～10天喷10%多抗霉素可湿性粉剂200～300倍液,或65%代森锌可湿性粉剂600倍液、50%克菌丹可湿性粉剂500倍液。应轮换使用药剂,以防产生抗药性。

(4)及时清除病株　西洋参在生育期如发现病株,应及时清除,或掐掉病斑,摘去病叶,集中销毁,并对整个参地消毒。对严重病区可喷施50%扑海因可湿性粉剂600倍药液,再对健康参苗叶面喷波尔多液120～160倍液。咪唑霉、代森锰锌也是防治西洋参黑斑病的特效药。两种农药和代森铵交替使用,防效在 95％以上,1～2 年生参苗保苗率为 85％～90％,经济效益非常显著。

(5)加强栽培管理 要合理密植,参棚透光度要均匀适宜,要防止渗漏、淋雨,注意参床土壤的排水、透气和参床覆盖落叶的消毒等,提高对西洋参黑斑病的防治效果。

(二)西洋参立枯病

1. 危害症状 西洋参立枯病主要发生在 1～2 年生植株上,3～4 年生少有发生。发病部位多在幼苗茎基部,距表土以下 3～5厘米干湿土交界处。病菌侵入嫩茎后,茎基部呈现黄褐色的凹陷长形斑,逐渐扩展至茎内部并可绕茎一周,造成茎部缢缩腐烂(图6-2),隔断输导组织,致

图 6-2 西洋参苗期立枯病

使幼苗倒伏死亡。病菌侵染幼苗,可使小苗不能出土。幼苗的根部受侵染后,须根生长受阻,水分运输被破坏,失水症状首先表现叶片萎蔫,然后茎部失水变软弯曲倒伏。发病后,从中心病株迅速向周围蔓延,幼苗依次倒伏,造成成片死亡。

种子受侵染后变软、腐烂而不能萌发,造成缺苗断垄。

2. 发病规律及侵染循环 立枯病病原菌为土壤寄生菌,寄主广泛,可侵染近百种植物,亦可在土壤或病残体上营腐生

生活,一般在土壤中可存活 2～3 年。病菌以菌丝体或菌核在土壤中的病残组织上越冬。翌年春季当种子萌动发芽出土前后,病原菌即侵染循环。5 月末当气温达 12℃～18℃、土温 14℃～16℃、土壤湿度 30%～35%时,开始发病。6 月中旬为发病盛期。7 月中旬基本停止。在 5 厘米地温为 15.4℃～16.7℃、含水量为 27.3%～32.2%时,立枯病蔓延极为迅速。因此,早春连续低温、土壤干湿交替频繁、参苗出土缓慢的年份,为病原菌创造了长时间的侵染机会,立枯病就会发生严重。而温度高,参苗出土快的年份发病轻。

3. 防治措施

(1)选好地块　选好地块对种植西洋参至关重要,应选择通透性良好的壤土,沙壤土,排灌便利的地块。在高温、干燥的环境下比低温、潮湿条件下栽培西洋参,病害轻得多。良好的土壤肥力及适宜的土壤酸碱度有利于西洋参健壮生长。应避免选用通透性差的黏重土壤。种植西洋参的地块应经过翻耕、休闲,以降低病原菌数量,它是防病的一项重要措施。

(2)土壤药剂处理　西洋参播种或移栽前可在每平方米土壤表面拌入敌克松或多菌灵、代森铵等 10～20 克,均匀撒在床面,拌入 10 厘米的表土层中,然后播种,亦可在早春参苗出土前用上述药的 300～500 倍液浇灌床面,使药液均匀通过覆盖物,渗入土层达到消毒的目的。

(3)种子消毒　播种未催芽种子时,用种子重量 0.2%～0.3%的敌克松或多菌灵、代森锌等药剂拌种,进行种子消毒。

(4)田间管理　要勤松土,提高参床土温。勤清排水沟。发现病株立即拔除,带离田间,并在病株周围撒石灰消毒。

(5)病株处理　苗期发现病株可用 70%敌克松可溶性粉剂 500 倍液,50%多菌灵可湿性粉剂 1 000 倍液浇药防治。

浇药防治的关键是幅度和深度,幅度是明确发病范围,从中心病株逐渐向外扒开畦面表土,观察土中参茎是否有黄色小病点,必要时可用放大镜观察,以明确发病范围。浇药要求浇到发病范围以外的周围。为达到浇药幅度的要求,在药少的情况下宁可只浇病区以外一圈,以便控制不再蔓延。浇药深度要达到土壤中的参茎部均接触到药液,尤其注意土表以下 3厘米处发病重的部位,必须浇透药液,才能达到防病的目的。用药量每平米为 4～10 升药液。残留在茎、叶上的药液,必须喷洒清水冲洗掉,以免参叶发生药害。如果发生药害,可在 1周内,发现叶片上出现明显的黄白色斑块。浇药的效果可达90％以上。防治 1 次的有效时间可达 3 年。水源少的地方,可配成 1/10 的药土施入病区防治。

(三)西洋参疫病

1. 危害症状　西洋参疫病初期感染时与黑斑病类似。感病部位呈水浸状不规则的大型斑点,暗绿色。叶柄感病后,致使复叶凋萎下垂,常称"吊死鬼"、"搭拉手巾"(图 6-3)。在茎端和复叶的基部感病,可使全部叶片萎垂。茎部感病,初呈水浸状暗绿色凹陷长形斑,很快腐烂,使地上部器官倒伏。

根部感病,呈黄褐色,湿腐状烂根,表皮易剥离,根内呈黄褐色有花纹。腐烂的根常有细菌侵入,具有腥臭味,后期外皮生有白色菌丝,黏着一些土块。此病蔓延很快,发现中心病株3～5 天,其周围参株也开始感病。

2. 发病规律及侵染循环　西洋参疫病在气温高、雨水多的 7～8 月份发生。土壤和空气湿度大,参床通风透光不好,疫病就极易流行。当日平均气温 17℃～20℃,地温 16℃～19℃,土壤湿度 48％(腐殖土),空气相对湿度 70％～90％时

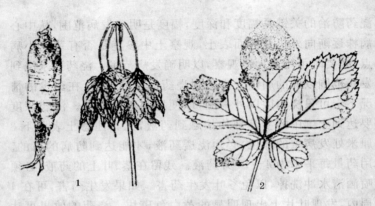

图 6-3　西洋参疫病

1. 根疫病　2. 叶疫病

疫病开始发生。平均气温 24℃,地温 20℃,空气相对湿度 70%以上,土壤湿度 60%以上,疫病发生最严重。高温连雨天气发病猖獗。疫病病菌以菌丝及孢子附着在病株残体上或土壤中越冬。带病的参根是翌年的侵染源。在病部产生游动孢子囊,借风雨或人的作业活动传播侵染。

3. 防治措施

(1)选好地块　选择疏松的壤土或沙壤土地块,禁止用黏重板结及排水不良的地块。

(2)通风降温　保持参棚良好通风状况,降低空气相对湿度,田间参苗栽植密度不可过大。

(3)药剂防治　参苗出土前以瑞毒霉等内吸性杀菌剂拌土撒于床面,预防根部疫病效果显著。以后每隔 1 个月撒 1 次,至 8 月底。一般用药量为 22.5～30.0 千克/公顷(1.5～2 千克/667 平方米)。4～5 月份以 6%农抗 120 水剂 100 倍液灌根,连续 2～3 次。

生长发育期须定期喷洒波尔多液,及时拔除中心病株,病穴及周围土壤以1%硫酸铜,或石灰乳,或0.5%~1.0%高锰酸钾溶液消毒。另外,以25%瑞毒霉可湿性粉剂500~700倍液,64%杀毒矾可湿性粉剂400~500倍液,58%瑞霉锰锌可湿性粉剂600倍液交替使用,喷洒叶面及茎基部,每隔7~10天喷1次。

(4)田间管理 秋季回苗后将植株残体、覆盖物清除干净,以1%硫酸铜或高锰酸钾溶液消毒参地,然后覆上新的覆盖物。在雨季来临之前挖好排水沟,以防积水,大雨过后要及时排除积水。

(四)西洋参菌核病

1. 危害症状 菌核病病菌侵染西洋参的根部、芽孢和地下茎。感病后病灶内部软化,外部很快出现白色绒状菌丝体,然后内部软腐迅速消失,只剩下外表皮,病体上形成不规则的黑色鼠粪状菌核。此病蔓延极快,很难早期识别,前期地上部几乎和正常植株一样,当植株表现萎蔫症状时,地下部早已溃烂不堪了(图6-4)。

2. 发病规律及侵染循环 西洋参菌核病一般从土壤解冻至出苗期间(4~5月份)为发病期,6月份以后发病基本停止。低温多湿,地势低洼,排水不良,氮肥过多时易得此病。出苗前土壤温度低、湿度大,往往造成菌核病流行。病菌以菌核在病根上越冬,并成为翌年的初侵染源。当土壤低洼多湿时,开始产生菌丝侵染参根。

3. 防治措施

(1)床面消毒 早春出苗前浇灌0.5%的硫酸铜液或波尔多液120倍液进行床面消毒。

(2)消除病体 及时挖出病株,并用5%生石灰或1%福

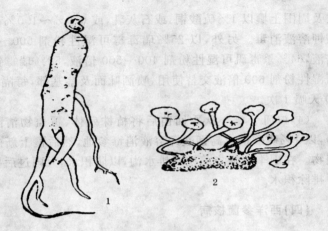

图 6-4　西洋参菌核病
1. 病根　2. 病原菌

尔马林液消毒周围土壤。

（3）**防止参床过湿**　要加强田间管理,早春除掉床面上的积雪,防止融化的雪水渗入床土内。重视参地排水,防止参床过度潮湿。

（4）**土壤消毒**　栽参前施入菌核利、多菌灵消毒土壤,按每平方米 10～15 克用量,具有一定的防治效果。

(五)西洋参锈腐病

1. 危害症状　锈腐病主要感染西洋参的地下根、茎。感病组织呈现黄褐色小点,逐渐扩大或融合成近圆形、椭圆形或不规则形的病斑。斑呈锈色,边缘稍隆起,中央微陷,多数病健界限明显。发病重时病斑可联合在一起,深入组织内部,导致干腐或感染其他病菌而软腐。参根感病后,地上植株矮小,叶片变成黄褐色或红褐色,甚至枯萎而死。参根仅表皮下几层细胞发病,内部组织完好(图6-5)。地下茎、根茎和芽孢感病后,初呈淡褐色条斑,严重时被害部位腐烂,造成缺苗。生育期发病,地上部表现为局部或全部叶片呈红褐色、枯萎,被害的参根呈黄褐色或铁锈色腐烂。轻者刮去腐烂组织后,其余根部组织仍保持健康状态;重者参根全部腐烂。

2. 发病规律及侵染循环 病原菌在病残组织和土壤中越冬,是土壤传染病害。该菌可在土壤中较长时间存活。春季土壤化冻后,孢子萌发,侵入根的各部位,极易从参根伤口处侵入,扩展腐烂,后期常有愈合现象。此菌不随参苗移栽传染,而在移栽过程中使土壤感染病原菌,

图6-5 西洋参锈腐病病根

尤其腐殖质丰富的土壤,此菌可于土壤中生存数十年。于沙性土中保持生存的能力较短。此病在西洋参生长过程中均有发生,但在地温15℃以上时是侵染和发病的盛期。

3. 防治措施

(1)选好地块 选择排水良好的高燥地块,通气透水性能好的疏松土壤栽参。土壤要充分熟化,彻底清除杂物,创造干净卫生的土壤环境。

(2)防止参苗损伤 起苗时,要防止碰伤参根、弄断参须,

避免造成伤口,减少侵染机会。

(3)选好参苗　栽参时,严格选择无病和无伤参苗,避免参苗带菌传染蔓延。

(4)参苗消毒　栽参前用1%多抗霉素水剂50倍液浸参苗根部10分钟,或用50%多菌灵可湿性粉剂500倍液浸根15分钟,有较好防治效果。

(5)床土消毒　栽参前,每平方米用50%多菌灵可湿性粉剂10~15克进行床土消毒,药剂和土壤要充分翻倒均匀后再移植。

(六)西洋参根腐病

1. 危害症状　根腐病病原菌可危害参根的各个部位,但主要从主根下端开始侵染。在初期,参根表皮呈现棕褐色斑点,迅速向根的顶端发展并侵入参根内部,使大部或整个参根腐烂(图6-6),只剩下中空的根皮,并呈黑色湿腐状态。有的参根病部呈现坚实、干燥黑棕色。被侵染植株初期无明显症状,到中、后期叶片褪色变黄,萎蔫死亡。尤其在高温干燥的天气下,地上部在翠绿的状态下突然萎蔫。另外,西洋参在生育后期被侵染的植株可越冬,但翌年春季不能出苗或出苗后很快死亡。

图6-6　西洋参根腐病病根

病原菌侵染芦头后,使之腐烂或自芦头

向下发展,侵至根的尖端,使植株死亡。根腐病与锈腐病的区别在于健康与病部交界处,根腐病无明显的隆起状边缘。

2. 发病规律及侵染循环 根腐病病原菌为镰刀菌,广泛存在于各类土壤中,为根系寄居菌,可引起多种植物的病害,并具寄生和腐生性,其腐生能力较强,并可产生抵抗力强的厚垣孢子。因此,能长期存活在土壤中,当条件适宜时,可迅速繁殖侵染。

根腐病主要发生于7～8月份的高温多雨季节,土壤湿度大时极易流行。秋季受侵染的参根,往往腐烂而不能出苗。根腐病的发生范围多呈点状或片状。腐烂的参根及其周围土壤,形成病害蔓延的中心。当土壤中施入过量的氮肥或大量新鲜有机质时,病原菌就大量繁殖。

3. 防治措施

(1)施肥 施入充分腐熟的有机肥,增施磷、钾肥,少施氮肥。并防止参床水分过大。

(2)土壤消毒 可用50％多菌灵可湿性粉剂进行土壤消毒,每平方米15～20克即可。

(3)消除病株 发现病株立即拔除,并用石灰水、多菌灵等药液浇灌病区周围土壤,将病菌的侵染控制在最小范围内。

(七)西洋参炭疽病

1. 危害症状 炭疽病主要感染叶片,其次是茎和果实。病斑初期在叶片上呈圆形、暗绿色小斑点,后逐渐扩大,斑点边缘明显,呈黄褐色,中间黄白色,薄而透明,易破碎形成空洞(图6-7)。多雨时则腐烂。斑点直径2～5毫米,最大者可达15～20毫米,严重的病叶斑点多而密集,叶片常连同叶柄从植株上脱落。感病的果实不成熟。在雨后或空气湿度大时,

茎秆出现黑色小点即分生孢子盘。常危害1年生参苗,使小叶连同叶柄枯死。因而导致参根发育不良,根重减轻,小根不能形成越冬芽,这样的小苗难免死亡。大一些的植株,常不能形成地上部器官,而处于休眠状态。即使长出地上部器官者,

图 6-7 西洋参炭疽病

植株也瘦弱,不能正常生长。

2. 发病规律及侵染循环 病菌主要在枯死的茎叶、花梗、叶柄上以菌丝、分生孢子座、菌核座等形态越冬。温、湿度适宜时,病菌产生新的分生孢子,借助风雨等传播到植株上,孢子萌发侵入茎叶,造成危害。多雨年份或空气湿度大的季节,有利于炭疽病病菌的发生和发展。

炭疽病菌发育最适温度为25℃,空气相对湿度大,炭疽病就开始发生,秋季气温降至10℃,此病停止。菌丝在日照下5小时可被杀灭。全年皆可发生,以7～8月份表现最重。

3. 防治措施

(1)选用无病种子 播种前对种子、种苗进行消毒处理。可用70%代森锰锌可湿性粉剂600倍液,或50%多菌灵可湿性粉剂500倍液浸种10～15分钟,或用1%福尔马林液浸种10～15分钟,取出用清水洗净播种或催芽。

(2)加强田间管理 通过调节参棚光照等措施,创造良好的光照条件和通风环境,以降低棚内温、湿度,减少发病及再

侵染的机会。发现病叶立即摘除。

（3）**药剂防治** 西洋参半展叶期，可喷 50％多菌灵可湿性粉剂 200 倍液，或 1％多抗霉素水剂 50 倍液；展叶后每隔 7～10 天喷洒 1 次 45％代森铵水剂 800～1000 倍液或波尔多液 140～160 倍液。最好几种药剂交替使用。

（八）西洋参猝倒病

1. 危害症状 病灶在受害幼苗的茎基部，自土壤表面处向上、下两个方向蔓延。变化部位似水烫状，呈暗褐色软腐，收缩变软，使地上部猝倒（图 6-8），同时茎和叶发生腐烂。在被害部位表面常出现一层灰白色霉状物。拔除病株根部观察，与健康的根相比往往缺少侧根。

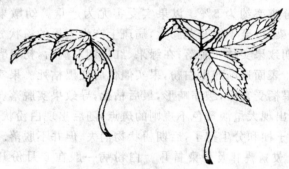

图 6-8 西洋参苗期猝倒病

2. 发病规律及侵染循环 病菌以卵孢子在土壤中越冬，并能存活 1 年以上。多发生于春季，在温度低、湿度大的条件下极易发生，主要侵入参根幼苗茎基部。发病适宜温度为 18℃ 左右，稍高于立枯病，尤以漏雨床和湿度大的地块严重。发病时间和立枯病大致相同。主要是幼嫩茎组织容易遭侵染。

3. 防治措施

（1）加强田间管理　参床水分要适宜，通风透光，保持床土疏松。

（2）药剂防治　生育期以波尔多液 160 倍液、70％代森锰锌可湿性粉剂 500 倍液、70％敌克松可溶性粉剂 600 倍液等喷洒叶面，均有一定的防治效果。

（3）清除病株、土壤消毒　发现病株要及时清理，被拔除的病株残体，集中处理。病区以福尔马林 100 倍液或 0.2％的硫酸铜溶液浇灌，进行土壤消毒。

（九）西洋参白粉病

1. 危害症状　白粉病主要发生在果实上，其次是果柄和叶片，分辨率约为 5％。以果实受害尤为严重。幼嫩果实最易被侵染，以至不能开花膨大，病斑上产生大量的粉状分生孢子，后期致果实枯死脱落；在绿果、红果期发病后，初呈乳白色褪绿斑，表面逐渐产生白粉，果实僵化后变黑枯死。果实不能成熟，果柄受害后，皱缩畸形，最后枯死，导致果实脱落。受害叶片上出现大量淡黄色不规则的斑点，随后出现白粉状物，即分生孢子梗和分生孢子，后期粉状物消失，但并不脱落。

2. 发病规律及侵染循环　白粉病一般在 6 月份开始发生，到 9 月下旬停止发病。观察中发现，7～8 月份由于山坡采种田的气温在 25℃左右，空气相对湿度为 79％，有利于白粉病的发生并迅速蔓延，9 月份随气温的下降，病情停止蔓延，叶片上白粉状物也逐渐消失。在山坡地、干旱地的参畦发病较多，采种田发病较重。

3. 防治措施　除加强田间管理，搞好田间卫生外，在白粉病发生初期，选用 45％代森铵水剂 800 倍液、25％粉锈宁可湿性粉剂 500 倍液,每隔 7～10 天喷洒 1 次,喷洒 2～3 次即可控制病害的发生和蔓延,防治效果显著。

(十)西洋参根结线虫病

1. 危害症状　在显微镜下能观察到线虫,通常寄居于土壤中。寄主较广泛,可寄生于多种蔬菜、果木及农作物中。西洋参线虫病主要危害根部,在初生及次生根上形成膨大的肿瘤状根结,直径一般为其着生根茎的 2～3 倍(图 6-9)。这种膨大的组织无法除掉,新鲜状态时与根的颜色相同。如幼根被害,根会过多分叉呈残根状。患有线虫病的参根,加工干燥后不影响其商品价值,但却使产量降低。

2. 防治措施

(1)茬口选择　前茬避免选用大豆、花生等线虫寄主植物。

(2)土壤消毒　休闲地每公顷施 3% 呋喃丹颗粒剂 30～45 千克,拌土后均匀撒入,然

图 6-9　西洋参根结线虫病

后翻入土中;每平方米施 80% 棉隆粉剂 15 克,具有杀虫、杀菌的作用,但须在播种或参苗移栽前 2～3 个月进行,以免发生药害。近年报道,铁灭克可以作为土壤消毒药剂,每平方米10 克,生长期用 600～800 倍液灌根,可起到防治效果。

(十一) 西洋参非侵染性病害及防治

1. 西洋参冻害 西洋参冻害的发生及防治措施在前面的田间管理部分已经讲过,可供参考。

2. 西洋参日灼病

(1)日灼原因 西洋参的生长发育需要适宜的光照和温度,如果光照过强,温度过高,常使西洋参茎叶组织原生质变性,引起叶片局部发生灼伤症状。夏季的伏天由于气温高,光照强,或遇干旱、闷热天气,各参区均有不同程度日灼病发生。被害叶初呈黄白色,后变黄褐色,叶片变脆,易碎裂和脱落,严重影响参株正常生育,使参根减产。一般温度超过 33℃连续2 天即可造成日灼。

(2)防治措施 夏至前后,结合除草把伸到遮阳棚外面的参秧扶到棚内,或采用挂帘插花降低光照强度,减少直射阳光,可减轻日灼病的发生。高温干旱季节,可早、晚进行叶面喷水,以提高棚内的空气湿度,减轻病害发生。

3. 西洋参药害

(1)发生药害的原因 在防治西洋参病害时,给西洋参浇灌含有毒物质的水,或施用农药的浓度、时间、方法不当,均可使西洋参产生药害(图 6-10)。

在高温季节使用高浓度的波尔多液、退菌特等农药易引起叶片烧伤。使用有机汞类制剂处理种子,敌克松处理土壤,如果计量过大,会造成种子不能发芽或幼根肿大呈瘤状,或灼烧须根,严重者幼根变红褐色,质脆易断裂。

(2)防治措施 严格掌握用药浓度,配制时要搅拌均匀。出苗期尽量避免使用刺激性强的农药,选用不易造成药害的农药,如多抗霉素和生物农药等。施药宜在早晚阳光较弱的

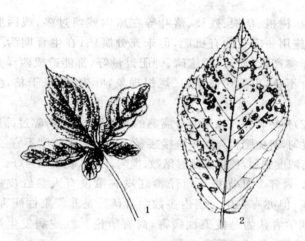

图 6-10　高浓度农药引起的药害

1. 高浓度瑞毒霉药害　2. 高浓度硫酸铜药害

时间,尽量不在中午喷药。不集中施药。生长期用高浓度药液浇灌床面时,一旦发现叶片有药害症状,应立即用清水冲洗叶片 1～2 次,以减轻药害的发生。

4. 西洋参水害　西洋参的生理代谢活动,必须有水参与。同时,水分又是西洋参营养的基本因素。当土壤缺水时,西洋参的生长发育就会受到抑制,甚至叶尖、叶缘、叶脉间变黄,引起早期脱叶、落花、落果;须根生长不良,呈现灼烧须根现象。土壤水分过多,同样对西洋参不利,可使叶片变黄,过早脱落;引起参根腐烂,茎叶萎蔫致死。土壤水淹过久,氧气供应不足,易造成参根窒息,遭受病菌侵染。但预防水害,应保证苗期正常需水量,协调土壤肥水关系。

5. 西洋参肥害

(1)肥害产生的原因　在利用农田栽培西洋参时,由于耕作粗放,树根、草根、残枝、落叶等在床内残留过多,或因肥力低,需施用一定量的有机肥,但未充分腐熟;在生育期为了提高西洋参产量、质量,喷施磷、钾肥过量等,都能造成西洋参根系发育不良,出现灼烧须根、烂根现象,叶尖、叶缘干枯,生长缓慢。

(2)预防措施　施用充分腐熟的有机肥,并经粉碎过筛后与土壤混匀,避免肥料与须根直接接触。叶面喷肥浓度不宜过大,对于高浓度肥料,稀释到足够倍数,搅匀,以早、晚喷洒为好。

6. 西洋参红皮病　西洋参红皮病虽没有人参红皮病发生普遍,但亦有发生。国内多数学者认为是非侵染性病害,也有个别学者认为是侵染性病害,尚有争论。红皮病发生严重时影响西洋参的产量和质量。

(1)红皮病的症状　得病的西洋参根皮变成褐色或红褐色,表皮变硬变厚。病斑不规则,轻的造成主根和侧根局部变色,严重的全根周皮变色。病斑仅限周皮组织、不凹陷,无腐烂,无特殊气味。病斑上常有纵裂。

(2)发病原因　床土中还原物质越多,参根发病越重。洼地还原物质浓度明显高于平地,参根发病快,病斑多。活性有机质中含活性还原物质多,是红皮病发生的主要因素。

(3)防治措施　选择适宜西洋参生长的排水良好的土壤。休闲土壤,高温日晒,改善通气性,降低含水量,加速还原物质氧化。用做高床控制水分,加强田间管理。施用石灰,提高土壤酸碱度,使活性物质降低,达到预防的目的。

7. 西洋参微量元素缺乏症

(1)西洋参缺乏微量元素的诊断方法　引起西洋参生理病害的外部症状,有单一元素的缺乏,也有多种缺乏的叠加,还易与水渍、干旱、药害、病害、肥害、中毒等症状混淆。为了准确地查明西洋参缺乏某一微量元素,需要从各个角度来核实认证,以便及时施用微肥。

① 土壤诊断 以化学分析方法测定土壤微量元素有效含量的丰缺状况。它的优越性在于西洋参种植之前就可预测是否会发生缺素状况。仪器分析和电子计算机技术的发展,土壤的化学测定可迅速准确地指导微肥的施用;西洋参土壤中微量元素的营养丰度为:铁 10 000～100 000 毫克/千克,锰200～3 000 毫克/千克,铜 10～80 毫克/千克,锌 10～300 毫克/千克,硼 7～80 毫克/千克,钼 0.2～10 毫克/千克。但由于土壤提取液不同,可能导致缺乏的临界值不同。一般情况下土壤中缺乏某种微量元素,可通过叶面喷施进行补充,使其达到西洋参营养生长需要的适宜范围,保证西洋参在发育过程中不致出现缺素症状。

② 植株叶片诊断 在西洋参缺素症尚未出现症状或症状不明显时,可以配合土壤诊断,分析西洋参植株叶片中微量元素含量(表 6-1),以便及早施用微肥和采取其他措施。

表 6-1 西洋参长成叶中微量元素丰缺含量

微量元素	长成叶中的浓度(毫克/千克)		
	缺 乏	适 量	过量或毒害
硼	<15	20～100	>200
铁	<50	50～250	>300
铜	<4	5～20	>20
锰	<20	20～500	>500
锌	<20	25～150	>400
钼	<0.1	0.5～20	—

（2）西洋参微量元素缺乏的症状表现　辨别西洋参缺素症状的形态诊断，还应联系土壤环境以及气候、施肥、浇水等其他各个方面的因素加以确定。

①缺硼症状　西洋参叶片成片褪绿，呈透明的白色膜翅状，叶脉正常。后期褪绿面积扩大，并且伴有整叶及轻度红褐色色素沉着，叶脉也有斑状的浅褐色色素沉着。

②缺锌症状　叶片浅绿，脉间伴有黄白色小斑点，叶脉正常。斑点逐渐扩大并转成褐色，叶缘外翻。后期斑点连片，整叶呈斑驳的褐斑。

③缺锰症状　叶片变薄，均匀褪绿变白。后期脉间叶片也呈透明的白色膜翅状，叶中央严重，叶缘轻。叶脉正常，近叶脉处紫色色素沉着明显，叶脉与叶脉之间可见明显的绿（叶脉）、紫（近叶脉处）、白（脉间叶片）的清晰分界线。

④缺铁症状　西洋参缺铁的初期症状表现和缺锌类似，叶片颜色浅绿。叶脉间呈褪绿白斑块，细微叶脉也正常，近叶脉处的叶表面常出现紫红色色素沉着。后期叶脉间叶片呈白色的膜翅状，但不像缺硼那样严重。

⑤缺硫症状　前期没有症状表现，后期从叶尖开始有紫红色色素沉着，叶脉随其干枯，干、湿交界明显，绿叶部分正常，严重时干枯部分占整叶片的1/2。

⑥缺钙症状　叶尖干枯内翻呈水烫状，干、湿交界明显。前期干枯部分有由绿转白的过程，后期干枯部分直接变白。症状一旦出现，发展迅速，有的从叶缘向里干枯，也有的从叶片某一部位直接干枯。缺钙时西洋参吸收根少，呈铁锈色，根短小而弯曲。

二、西洋参虫害及防治

(一)金针虫

1. 为害症状　土壤解冻后金针虫便开始活动,为害西洋参。西洋参幼苗期,金针虫为害最严重,可将茎和根咬成缺口或钻孔进入根和茎内为害。受伤的植株由于水分、养分的输送受到影响,呈现萎蔫状态。茎部被咬断,植株会死亡,参根伤口感染其他病害而腐烂。

2. 形态特征

(1)细胞金针虫的形态特征

①成虫　是一种硬壳虫。体长 8～9 毫米,宽约 2.5 毫米。鞘翅黑褐色,有许多刻点和小沟。体黄褐色,体中部与前后宽度相似,背平坦,足黄褐色。前胸背板前后宽度大致相同,成虫头部能上下活动,似叩头状。

②幼虫　体细长、筒形,长 20 毫米,黄褐色,细长而圆,胸、腹部背面无纵沟。尾节圆锥形,背面颈部两侧各有 1 个褐色圆斑,并有两条深褐色纵沟。表皮坚硬、有光泽,胸足 3对,没有腹足(图 6-11)。

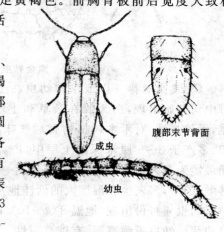

图 6-11　细胞金针虫

（2）沟金针虫的形态特征

①成虫　体长15～17毫米，体色深褐色。体中部最宽，前后两端较窄，并显著隆起。足浅褐色。

②幼虫　体长24毫米、黄金色，体扁平而肥大，腹部背面有1条纵沟，尾节短粗、黄褐色、无斑纹，末端有分叉。

③蛹　为裸蛹，细长、近纺锤形，长8～13毫米，乳白色，后期变褐色。

④卵　近椭圆形，乳白色，直径0.5～1毫米（图6-12）。

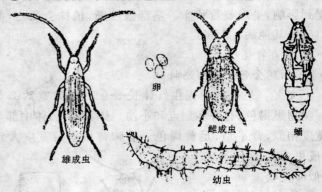

卵

雄成虫

雌成虫

蛹

幼虫

图6-12　沟金针虫

（3）发生规律　以成虫和幼虫在土壤中越冬。成虫在5月中旬开始出现，白天躲在杂草和土块下，夜晚出来活动交尾，无趋光性，对禾本科植物腐烂气味有趋性。6～7月份产卵，多产于3～9厘米深的土层中，产卵适宜气温为22℃，卵期最短为8天，最长为21天，孵化期一般为15～18天。幼虫喜湿、怕干，多发生在湿度大的低洼地及有机质含量高的土壤中。幼虫4月份出现，地温8℃～10℃时，活动最盛。为害幼根幼茎。幼虫不耐高温，有越夏习性。当土温达17℃时逐渐向深处移动,秋季气温降低时,又上升到土壤表层为害参根。幼虫 7~8 月份在 9 厘米土壤中做土室化蛹,蛹期 10~20 天,8~9 月份羽化为成虫。3 年发生 1 代。

(4)防治措施 整地、做床时每平方米撒入敌百虫粉 20克。出苗后发现害虫时,可浇注敌百虫液 500~800 倍液。也可人工捕捉。把马铃薯切成小块煮八成熟,傍晚把八成熟的马铃薯块埋入参床土层中,翌日天亮将薯块随虫体一起烧掉。

(二)蝼 蛄

1. 为害症状 春季土壤解冻后即能发现成虫和若虫,它是为害西洋参较严重的害虫,喜食幼根及接近地面的嫩茎。轻的影响西洋参正常发育,重的枯萎死亡,造成缺苗断条。同时在参畦内钻成隧道,使土壤过于疏松和透风,不利于参根生育。

2. 形态特征

(1)成虫 体棕褐色或黄褐色,头部近半圆锥形,触角呈丝状、黄褐色。复眼呈卵形,向前突出。胸部短,腹部长。前足为开掘式,胫节扁阔坚硬,尖端有 4 个锐利扁齿,上面有 2个大凿可以活动。

非洲蝼蛄体型小,体长 29~31 毫米,后足胫节上方有 3~4 枚刺,等距排列。腹部近纺锤形。

华北蝼蛄体长 36~39 毫米,后足胫节背侧内缘有刺 1 枚或无刺,腹部近圆形(图 6-13)。

(2)若虫 初孵化时为乳白色,经数小时后头、胸、足变成暗褐色,腹部淡黄色。形状和成虫相似,没有翅膀,只有很小的翅芽。老熟若虫体长 25~30 毫米。华北蝼蛄若虫黄褐色,后足 5~6 龄同成虫。非洲蝼蛄 2~3 龄后足就与成虫相同。

(3)卵 长椭圆形,初期为乳白色,后变成黄褐色,孵化前

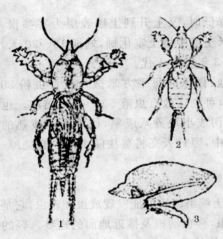

呈暗紫色,长约 4 毫米,宽 2.3 毫米。华北蝼蛄卵长 1.5～1.8 毫米,淡黄色后变黄褐色,孵化前呈深灰色。

3. 发生规律 蝼蛄为不完全变态害虫,以成虫或若虫在土穴中越冬。翌年 4 月份开始活动,白天潜伏,夜间出来取食和交尾。有趋光性,喜欢在湿润、温暖的低洼地和腐殖质多的地方繁殖、为害。若虫逐渐长大变为成虫,继续为害参根。成虫 5 月中下旬开始活动,5～6 月份是为害盛期。6 月中下旬出土交尾产卵,卵喜欢产于参根附近湿土下 25～30 厘米深的室内,每只雌虫一生产卵 30～250 粒,卵期 21～30 天孵化成幼虫,经 15 天后出来活动为害西洋参。若虫当年蜕皮 4 次,经 5 个龄期的当年早期若虫,可变为成虫。蝼蛄活动的适宜地温为 14℃～20℃、土壤湿度 22%～27%。成虫对灯光、鲜马粪、腐烂的有机质有较强的趋性。因此,土壤有机质高、低洼多湿的参地蝼蛄发生较重。

4. 防治措施 提前 1 年整地,减少虫卵。利用豆渣或小米煮成半熟,晾成半干,或用 10 千克炒香麦麸拌入 0.5 千克敌百虫,加适量水,傍晚撒入田间或畦面上诱杀,或在畦帮上开沟,把毒饵撒入沟内覆上土,诱杀效果更好。在成虫发生时

图 6-13　蝼　蛄
1. 华北蝼蛄　2. 非洲蝼蛄　3. 后足

期,参地周围设置黑光灯、马灯、电灯,灯下放置1个内装适量水和煤油的容器诱杀成虫,或用糖蜜诱杀器,效果更佳。

(三)蛴 螬

1. 为害症状 西洋参幼小的参根和嫩茎常被蛴螬咬断,较大的参根被咬成缺口,严重时致使植株枯死。

2. 形态特征

(1)成虫 朝鲜金龟子,体长20毫米左右,宽10毫米,呈长椭圆形、黑褐色有光泽。头部和前胸背板有许多刻尖,鞘翅革质坚硬,有几条不明显隆起暗纹,鞘翅长为宽的2倍多,不能全部盖住腹部。触角鳃叶状,黄褐色或红褐色。

(2)幼虫 体近圆筒形,长30毫米,身体肥胖弯曲成"C"字形,头部红褐色或黄褐色、有光泽。胸腹部乳白色,身体白色、有许多皱褶;胸足3对,密生棕褐色细毛;腹部末节生有刚毛,排列不规则(图6-14)。

(3)卵 椭圆形,长3毫米,乳白色,后期呈黄白色。

(4)蛹 为裸蛹,长20毫米,黄色或黄褐色,腹部末节呈燕尾分叉。

3. 发生规律 蛴螬以成虫(金龟子)和幼虫在土壤中越冬。越冬成虫于5月中下旬开始出现,6月中旬

图6-14 蛴 螬

1. 幼虫 2. 成虫

87

至 7 月中旬为活动盛期。成虫有趋光性和假死性,昼伏夜出,取食交尾。一般春季土温 5℃ 时,幼虫(蛴螬)在表土层 10 厘米处便开始上升活动,旬平均气温 20℃～24℃ 时为活动盛期。成虫从 6 月上旬至 9 月中旬都可产卵。产卵深度为 5～10 厘米,卵期 9～30 天便孵化为幼虫。温度影响蛴螬在土中的升降,春、秋季节到表土层活动为害,土壤潮湿活动性强,尤其是小雨连绵的天气为害最重。气温降低逐渐下移,达到一定深度时,做土穴越冬。

4. 防治措施 用 5% 敌百虫粉剂每平方米 20 克撒在表土中,然后翻耕做床。出苗后受害严重时,可浇注 80% 敌百虫可湿性粉剂 500～800 倍液或 50% 辛硫磷乳油 500～800 倍液。

(四)地 老 虎

1. 为害症状 地老虎以幼虫为害参根和参茎,常从接近地表处将嫩茎咬断,使植株枯萎死亡,造成缺苗断条。

2. 形态特征

(1)白边地老虎

①成虫 中型蛾子。黄褐色或灰褐色,体长 15～18 毫米。前翅有肾状纹和环状纹为灰白色,剑纹为黑色,前翅前缘有 1 条明显的灰白色或灰褐色宽边。后翅灰褐色,外缘颜色较深,而近中央处有一明显的黑斑。

②卵 馒头形,初产时为乳白色,经 7～10 天变灰褐色。

③幼虫 老熟幼虫体长 43～46 毫米,黄褐色或灰褐色。头部黄褐色有"八"字纹,两侧有黑褐色网状纹。腹部背面 4 个毛片,前两个小,约为后两个的一半。臀板黄褐色,前缘及两侧呈黑褐色,上有两条深褐色纵带,不达后缘,浅色部分呈"山"字形。

④蛹　体长 18～20 毫米,黄褐色。腹部第三至第七节前缘有许多小刻点,末端有 1 对尾刺。

（2）黄地老虎

①成虫　体长 15～18 毫米,黄褐色或暗褐色。前翅有深褐色的肾状纹、环状纹和 1 个三角斑。雄虫后翅白色,触角呈羽毛状。雌虫后翅灰色,触角呈丝状。

②卵　圆形或馒头形,底部平滑,上部中间有一小突起。初产卵为乳白色,后变成黄褐色,孵化前为紫褐色,直径约 0.7 毫米。

③幼虫　体筒形,浅黄色,体表有脂肪光泽,头黑褐色,腹部共有 8 节,末节臀板中央有 1 条黄色纵纹,两侧各有 1 个黄褐斑。幼虫 6 龄老熟,头宽约 3 毫米,体长 27～35 毫米。

④蛹　红褐色,气门黑色,腹部 5～7 节各有 1 列黑点,腹部末端有两根尾刺。蛹长 16～20 毫米。

（3）小地老虎

①成虫　体长 17～23 毫米,灰褐色,前翅黄褐色,有肾状纹和环状纹,肾状纹外缘有一黑色三角斑。后翅灰白色。雄虫触角呈羽毛状,雌虫触角呈丝状。

②卵　圆形,初产卵为乳白色,渐变黄色,孵化前为蓝紫色,直径 0.6 毫米左右。

③幼虫　长筒形,深灰色,头黄褐色。表皮粗糙,密布大小明显不同的小黑点。腹部末节臀部呈淡黄色,有 2 条黑线。老熟幼虫体长 37～47 毫米（图 6-15）。

④蛹　红褐色,气门黑色。腹部 4～7 节,前端有 1 列黑点,末端有两根尾刺。体长 18～24 毫米,宽 8～9 毫米。

（4）大地老虎

①成虫　体长 20～25 毫米,翅展 52～62 毫米。前翅灰

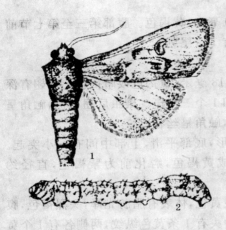

图 6-15　小地老虎
1. 成虫　2. 幼虫

褐色,前缘 2/3 为黑褐色,有褐斑数个。中部有黑色肾状纹,外呈不规则形黑圈。

② 幼虫　体长 55～61 毫米,体呈圆筒形,黑褐色,两亚背线间暗灰黄色。体壁多皱纹,疣状颗粒较小。

3. 发生规律

(1) 白边地老虎　以卵的形态在土壤中越冬,4月上旬孵化,早期取食杂草,西洋参出土后为害参苗。6月下旬幼虫老熟,成虫昼潜夜出,交尾、取食、产卵。成虫对黑光灯和糖蜜有较强的趋性。

(2) 黄地老虎　幼虫在 5～15 厘米土层中越冬,春季气温升高时幼虫上升到表土层为害西洋参。老熟幼虫 5 月上旬到表土 5 厘米处做土室化蛹,5 月下旬为化蛹盛期。5 月末至 6 月初羽化为成虫。6 月上旬为第一代成虫发生盛期。成虫白天潜伏在植株背面或植株残体或土块下,夜间出来活动。有较强的趋光性和趋化性。雌虫夜间交尾、产卵。卵孵化为幼虫后经 5 次蜕皮达 6 龄老熟。第一代幼虫期 23～30 天,于 7 月上旬开始在 4～8 厘米深的土层中做室化蛹。7 月下旬至 8 月上旬为第二代成虫发生盛期,二代幼虫开始为害西洋参。

(3) 小地老虎　小地老虎每年发生数代,随各地气候不同而异。春季 5 月下旬出现第一代成虫,白天躲在阴暗的地方,夜间出来活动、取食、交尾,在接近地面的幼苗、茎叶或残株、土块上产卵。卵散生,卵期约 1 周。成虫有较强的趋光性和趋化性。卵经 7～13 天孵化为幼虫。幼虫期为 21～25 天,经 5 次蜕皮,成虫 6 龄老熟,幼虫在 6 月中旬至 7 月中旬为害最为盛行。6 月末至 7 月上旬幼虫在地下做室化蛹,7 月下旬至 8 月上旬羽化成第二代成虫,8 月下旬第二代幼虫发生。三龄前幼虫食量小,四龄后食量剧增,危害性大。幼虫共 6 龄,三龄前昼夜啃食西洋参嫩叶和幼茎。三龄后昼伏夜出,咬食西洋参苗和茎。在春季雨多涝洼地和杂草丛生的地块,发生较重。

4. 防治措施　将参床及周围杂草清除干净。幼虫 1～2 龄时用 80％敌百虫晶体 800～1 000 倍液喷洒。用切碎的鲜草 30 份拌入敌百虫粉 1 份,傍晚撒入田间。也可用糖、醋、蜜溶液诱杀。

(五)草 地 螟

1. 为害症状　草地螟属西洋参地上害虫。杂食性强,多发生在靠近荒地或树林边缘地块的参床。重者把整床吃光,轻者咬断叶柄,部分叶片被咬成缺口或叶肉被啃食得只剩下叶脉,使西洋参失去正常生育功能。

2. 形态特征

(1)成虫　为暗灰色的小蛾子,有光泽,头的后部为黑色,有触角。体长 8～12 毫米,翅展 12～26 毫米,前翅为深灰色,沿外缘有淡黄色点连成一串,边缘银灰色,翅中央稍前有一块淡黄色斑。后翅灰色,沿外缘有两条平行波状纹,静止时呈三角形或类三角形。

(2)卵　乳白色,椭圆形,有珍珠光泽,全分散排列或呈瓦状卵块,每块 3～10 粒。

(3)幼虫 老熟幼虫体长 20 毫米,全身暗绿色,头部黑色,有明显的白斑,背线黑色。第一胸节有条黄色色带,第二、第三胸节两侧各有 5 个生毛的小瘤。腹部各节上有 6 个暗色肉瘤,瘤上长有刚毛。

(4)蛹 体长 14 毫米,淡黄色,外包一绿色黄皮,土茧长 40 毫米,宽 3～4 毫米。

3. 发生规律 每年发生 2 代,以第一代为害严重。5 月下旬开始出现第一代成虫,6 月上中旬由于气候干旱,成虫大量出现,在猪毛菜、刺蓼和灰菜上产卵,卵经 2～4 天孵化成幼虫。幼虫经 4 次蜕皮达 5 龄虫,整个幼虫期为 9～15 天。6 月初幼虫在杂草及大田作物上为害。它们在叶背面吐丝结网,群集为害,取食叶肉,剩下叶脉,到四龄后进入暴食期,昼夜为害。6 月 20 日至 7 月上旬多龄幼虫从杂草或大田中迁移邻近的参地,有的地区幼虫迁移形成虫带。幼虫爬行迅速,每分钟 1～1.5 米。老龄幼虫在向阳坡疏松的土壤中做茧化蛹。7 月中旬进入羽化盛期,产生第二代成虫。

4. 防治措施

(1)挖防虫沟 在参地周围挖 20～30 厘米深、20 厘米宽的倒漏斗形防虫沟,沟内撒敌百虫粉。随时观察,不让虫子过沟。再于参床上适量喷药,这样既可节省农药,又可避免药害。

(2)药剂防治 根据虫情预报,做到早预防。一旦螟虫进入参地,应喷药围歼。在发生虫害的地块由外向内进行圈围喷药。可选用 2.5%溴氰菊酯(敌杀死)乳油 2 500～3 000 倍液或 800 倍敌敌畏、乐果混合液。

三、西洋参鸟兽害及防治

（一）鼠 害

1. 鼢鼠 鼢鼠俗称瞎耗子,除食害参根、茎外,它还在地下串洞,拱起一串串土堆,破坏参床,轻者影响西洋参的正常生长,重者整个参床被毁。

（1）形态特征 体长 16～23 厘米,短粗肥胖,圆筒形,成年鼠毛棕色,幼鼠为灰褐色。头扁,鼻尖而钝圆,额中部有一乳白色或黄色斑纹。眼小,四肢短健,前肢爪发达,适于掘土、打洞。

（2）生活习性 主要栖息于洞道中,洞道可长达几米至几十米,除一般的洞道外,还有贮藏洞、居住洞、粪便洞和育仔洞,冬季深居洞内不活动。每年繁殖 1～2 次,每次产仔 4～6 只。每年 4～5 月份和 8～10 月份活动最盛,每天早、晚活动最多,小雨和阴天可全天活动。鼢鼠怕光、怕风,如洞道通风、透光便有堵洞习性。听觉、嗅觉很灵敏。

（3）防治措施 在迎风侧扒开鼠洞,让风吹入洞内,然后将铁锹浅插在洞的上方,待鼢鼠堵洞时,插锹堵住退路捕捉。还可将葱白剖开放入一定量的磷化锌,再合上葱白用葱叶缠好放入洞口,用土封好洞门,即可毒死。也可以安放地箭捕杀。

2. 花鼠 花鼠俗称五道眉、花黎棒。主要为害西洋参果实和种子,造成种子减产,甚至颗粒无收。

（1）形态特征 花鼠是一种小型树栖和地栖性鼠类。体长 14 厘米左右,尾巴与躯体等长,尾毛蓬松、端毛长,尾端不尖。全身背面呈灰黄色,前半身较灰,后半身较黄,背部有明显的黑褐色和灰白色或黄白色相间的条纹。以背脊中央向外，依次为黑色、灰白色、黑褐色、白色、深褐色条纹，后者为背和身侧的界线。

（2）生活习性　花鼠喜栖息于山区针叶林、针阔叶混交林和阔叶林中，以及在平原的阔叶林和灌木林较密集的地区。大多在树下做洞，也有以倒木的树洞、石缝、石洞为穴，在地下洞穴中冬眠越冬。花鼠一般在日间活动。4月上中旬出洞，6～7月份产仔，每胎4～6只。5～10月份为为害期，尤以8～9月份西洋参红果期，食害果实和种子，一般早晨和傍晚出来为害，严重地区收不到种子。

（3）防治方法　用5％～8％磷化锌毒饵诱杀，或用红砒1份加饵料10份配成毒饵诱杀，每洞穴放几粒。也可下夹子夹、人工捕捉。

毒饵要在鼠活动时期，勤配勤撒，每次不要配得太多，时间长了易腐败，花鼠不爱吃；撒药时要多放一些地方，一般放量10～20粒即可。应严防人、畜误食中毒，配制过程要严防入口，配制工具要洗净。西洋参结果时期，将留种田块严密围挡，防止花鼠进入为害参果。

3. 野鼠　野鼠亦叫山鼠、田鼠。食害参根和参籽，嗑断幼苗和参根，使参苗枯萎；在参田床帮上扒土掘洞，常造成雨水从洞口渗入床内，使西洋参受水害而腐烂。

防治方法：① 用压板、夹子等捕鼠器具捕捉。② 用磷化锌毒饵诱杀。采用谷物15千克加植物油0.5千克混合，再加磷化锌0.5千克搅拌均匀，制成毒饵，每堆10～15千克，放在参田周围和作业道上诱杀。③ 用食盐、卤水毒饵诱杀。用食盐、卤水0.5千克，玉米2.5千克，加适量水，蒸煮到玉米熟透为度。将毒饵撒于作业道上，引诱野鼠取食，杀鼠效果较好。

(二)鸟兽类的为害及防治

某些山鸟在西洋参果实红熟期,啄食果实。野鸡(雉鸡)不仅扒刨参床而且啄食幼根。受野鸡为害的参床,被刨扒成坑,小苗裸露,有的头部被啄掉,尤以 1～2 年生西洋参受害最重。

防治方法:在参床周围安装捕鼠器(扣网、铁夹子等)捕捉;参田周围或床面上撒上用大豆、玉米等制成的药豆毒杀;参田设专人看护,清晨或傍晚用猎枪射杀。

另外,林区参场常受到野猪和黑熊践踏,应设专人看管,用猎枪驱逐。近村庄的参田应设篱笆,防止家禽进入。

第七章 西洋参标准化
生产的采收、加工与贮藏

一、西洋参种子的采收

(一)西洋参种子的采收时期

西洋参开花、结果和果实成熟都比人参延后 20 天左右。8 月中下旬果实由绿色转变成鲜红色时为采种期。过早采收种子不成熟,过晚采收果实易脱落。因此,一定要掌握好采收的最佳时机。

(二)西洋参果实的采收方法

目前,我国还没有西洋参果实采收机械,只能用人工采收。花序上的果实没有完全红熟的应分 2 次采收;果实全部红熟的,用手将果实揪下或用剪子剪断花梗。落地果实要及时捡起来。采种时注意将好果和病害果实分开采收,避免种子交叉感染病菌。

(三)西洋参种子的搓洗

采收下来的果实要及时搓洗,使果肉和种子分开。搓洗时,挑出病果和果柄后,用搓籽机搓洗或把果实装入口袋中用手搓洗,当果肉和种子完全分离后,投入到清水中淘洗,漂去果肉和秕粒,洗净后,捞出置于阴凉处晾干。当种子含水量达到 14%左右时,入库保管或催芽处理。

(四)西洋参种子的阴干

西洋参种子不宜在强光下暴晒,最好是阴干或在弱光下通风晾干。

二、西洋参的收获

(一)收获年生

西洋参直播田,一般 4 年生收获,移苗田可根据苗情 2～3 年收获。

(二)收获时期

西洋参秋季落叶萎蔫时为收获适期。东北地区约在 9 月中下旬至 10 月上中旬;山区栽培西洋参,阳坡地在 9 月 15～25 日收获最好;阴坡地在 9 月 5～15 日收获较好。此期收获不仅产量高,单枝重量大,而且淀粉、折干率、总皂苷含量均较高。

(三)收获方法

美国和加拿大西洋参生产场都是机械化生产,采挖用人参采挖机(ginseng diggers 4 models on hand)进行采挖,通过抖动传送系统将参根与土壤分开。

目前,我国机械化起收西洋参机具尚不多见,主要靠人工收获。人工收获时,先拆除参棚,拔出立柱,用锹或镐头先切开床帮,然后从参床一端开始起参,抖掉泥土,拾放袋中,运回加工。最好是边起参边加工,防止积压、参根浆气跑掉,影响加工质量。起参时注意,不要伤根断须,导致产品质量下降。

三、西洋参的采收年限与加工质量的关系

西洋参原产于美国和加拿大,一般4年生采收加工,个别情况因病害重3年也有采收加工者,我国引种后对不同参龄西洋参做了加工试验。据报道,西洋参2～5年生的根密度(克/立方厘米)随参龄增加而增大,但4年生根和5年生根的根密度差异不显著,从而证明4年生采收更经济合理。

吉林农业大学满桂莲等对不同参龄的西洋参产品进行了成分分析,结果表明,分组皂苷和总苷含量均随参龄增加而增多。2年生比1年生增0.1个百分点,3年生比2年生增1.3个百分点,4年生比3年生约增1.2个百分点。可见西洋参3～4年生的分组皂苷和总苷含量猛增。特别是西洋参4年生总苷含量已达到6.745%(加拿大样品为6.29%),与加拿大和美国参相同。从总苷含量来看,4年生采收是适宜的。

中国农业科学院特产研究所也做了类似的试验,结果也是一致的。5年以上的西洋参参根易染病,病参加工后成品质量下降。

四、西洋参的采收时期与加工质量的关系

西洋参原产地美国和加拿大的采收期为10月中旬。我国引种地区以9月下旬至10月上旬为宜。此时植株转黄,根部已积累了足够的营养,根重达到最大,皂苷含量高,根内淀粉含量亦足,是西洋参的最佳采收时期。

关于最佳采收期，我国西洋参产区通过生产实践和科学试验正在努力探索。

中国农业科学院特产研究所王铁生等做了不同采收期对东北产西洋参加工内在质量影响的研究。研究结果显示，西洋参根部的营养积累以 9 月 25 日为最高，折干率 37.71%，总糖 81.82%，这时期的生物产量最高，加工质量最好，皂苷含量也高；8 月 25 日折干率低，总糖含量低，生物产量低，特别是种子未熟，尽管皂苷百分含量较高，但生物产量不高。目前生产上不能接受。所以，东北地区采收期以 9 月下旬至 10 月上旬为宜。

吉林农业大学中药室对陕西省陇县产 4 年生西洋参不同采收期与皂苷含量进行了分析，结果表明，采收日期不同，皂苷含量有所变化，8 月 31 日采收的西洋参的单体皂苷和总皂苷含量最高，其单体皂苷 Rb_1 相对含量较高，如果根的生物产量也高，则是最理想的采收期。9 月 23 日采收的西洋参，其单体皂苷 Re 相对含量高。从上述结果可探讨利用不同采收时期其单体皂苷含量不同的特点，可以生产不同单体皂苷含量最佳的西洋参，以满足医疗上对某一皂苷疗效的需要。

五、西洋参标准化生产的加工、贮藏技术

(一)西洋参加工目的

1. 防止发霉和虫蛀　鲜品西洋参根中含有大量的淀粉（约 80%），总糖量为 66%，水分含量为 60%～70%，极易被害虫蛀蚀和微生物侵染而腐烂。参根采收后，通过冲洗除去泥土、微生物及病疤，再经过加工干燥，降低了参根的含水量

和含糖量,即可防止虫蛀和霉变。

2. 有利于贮藏和运输 西洋参经加工干燥后,可以使其体积大大地减小,便于包装运输和贮藏。

3. 有利于保持药材质量 西洋参主要有效成分为人参皂苷,参根在新鲜状态下,很容易受酶类作用,将人参皂苷水解为皂苷原和糖原,从而失去药理活性。通过加工使参根中水分的含量迅速减少,就可以抑制水解酶的活性,保持药材的质量。

4. 有利于临床应用 多年来,西洋参一直以原皮干参入药,临床上很少使用鲜参,通过加工干燥后,一方面适应于中医传统用药的习惯,另一方面也便于加工成各种规格的商品和开发各类系列产品。

(二)西洋参加工技术

美国、加拿大西洋参产地,加工的主要品种就是原皮西洋参,所以产地加工就是指原皮西洋参的加工,而美国和加拿大在国际市场销售的也是原皮西洋参的统货。我国西洋参的加工方式,各产区不尽相同,但干燥方式主要有两种:一种是恒温干燥,另一种是变温干燥,而目前多数产区都采用变温干燥的方式。

1. 美国原皮参加工技术 美国大多数参农是采用变温加工方式,有的参农是采用先高温后低温,也有部分参农是采用先低温后高温的方式。在加工过程中,大多数采用机械操作,参根挖出以后,首先放入洗根机,清洗附在参根上的泥土,清洗以后取出,按大、小分别排放到干燥盘内(金属网纱制成),再放入到多层的木制架上晾晒,除去表面的水分,然后放到风干室内(架子上)烘烤,开始温度为16℃～17℃,2～3天后增至 22℃,以后则每天使温度增高 0.6℃,当温度达到 29℃~32℃时,温度不再增高,一直到完全干燥为止。

先高温后低温干燥方式,开始时温度就保持在 38℃~44℃,当参根出水萎蔫时,再下调至 32℃,一直到全部干燥为止。

2. 加拿大原皮参加工技术 加拿大多伦多诚富参场的原皮参加工技术属先低温后高温的干燥方式,参根清洗以后去除参体表面的水分,然后放入干燥室内烘烤,开始的温度保持在 23℃~27℃,经 38~40 个小时,再使温度缓慢上升,到干燥后期,使温度保持在 37℃~39℃,一直到完全干燥后取出。

3. 我国原皮西洋参加工技术 我国西洋参的加工技术在生产实践中不断完善,现已日臻成熟。由原来的高温烘烤转为低温通风干燥,加工质量基本赶上了美国和加拿大。

(1)控温调湿干燥技术 鲜参出土后,洗净泥土,去掉参根病疤,然后按大、小分开上盘,先放室外风干,去除参体表面水分,再入低温干燥室,室内温度保持在 25℃~27℃,每 30 分钟排潮 1 次,排潮时间为 20 分钟,干燥室内空气相对湿度保持在 65% 以下,持续 2~3 天,此时须根顶端已干变脆,然后移入高温干燥间(温度保持在 28℃~30℃),此期间每半小时排潮 1 次,每次 20 分钟,室内空气相对湿度控制在 60% 以下,持续 4~5 天,当侧根能弯曲,参根主体变软时,升温至 32℃~35℃,每小时排潮 1 次,排潮 20 分钟,空气相对湿度控制在 50% 以下,持续 3~5 天,当主根表皮稍硬,侧根较坚硬时,室内温度控制在 30℃~32℃,每小时排潮 1 次,排潮 20 分钟,空气相对湿度控制在 40% 以下,一直到干透为止。整个加工过程为 20~25 天,参根主体含水量在 10% 以下时,即可出室。加工后的原皮西洋参,皮色土黄,无光泽,质坚,断面乳白色,粉质,气味芳香浓郁味甘苦,密度为 1.1515 克/立方厘米,其人参总皂苷含量为 6.37%。

(2)太阳能自然回流干燥室加工原皮西洋参技术 利用太阳能热能加工原皮西洋参,干燥室应设在楼顶部或光照充足的地点,室内设干燥架,每个干燥室架长、宽、高约为16 米×0.8 米×2 米,可设 5～6 层,每层可排放干燥盘 25个,如干燥室面积为 250 平方米,总装盘数为 1 000 盘。干燥盘可用木框和竹帘制成,长、宽、高为 90 厘米×45 厘米×5 厘米,每盘可装需干燥西洋参 2.5～3.5 千克。自然回流窗规格为 90 厘米×70 厘米,可根据室内温度、湿度、风向进行人工开闭调控。

太阳能自然回流干燥室 9 月份平均温度为 30.25℃,由于干燥室内昼夜温差大,一般在 10℃ 以上,白天干燥时形成的硬壳在夜间降温时,根内软心部分所含水分很快渗透到外表,这样周而复始,是鲜参得以干燥透彻,不留软心,产品坚实,密度大(大于 1.1),干湿比为 1：3.08,人参皂苷含量：1年生 5.08%、2 年生 6.71%、3 年生 7.41%、4 年生 7.08%、5年生 7.28%。

该项技术的特点是,投资少,省电、省煤,污染小,由于昼夜温差大,使参干燥透彻,不留软心;产品坚实,密度大,皂苷含量较高;利用了太阳光能杀菌,在加工过程中,鲜西洋参参根腐烂的很少。

(3)利用温室热力加工原皮西洋参技术 利用温室作用产生的热能加工原皮西洋参,方法简便,此法适宜在气候干燥地区,空气湿度大的地区较难使用。北京市 9～10 月份收获西洋参时正值秋高气爽、干旱少雨季节,利用温室热能产生的热力加工原皮西洋参最为适宜,早晨室温 20℃左右,中午温室最高温度近 50℃,午后 30℃,夜间 15℃左右,实际上是属于自然变温的干燥方式。由于白天温度高,夜间温度低,夜间根内软心部分所含水分就能很快渗透到外层,这样昼夜反复干燥,参根干燥彻底,2 周内即可全部干透,而且干燥的质量也好。为了防止雨天或 10 月份气温变低,可在温室中搭设火炕加温。

相关质量检测结果为:参棒含水率 10% 左右;密度 1.155克/立方厘米;人参总皂苷含量 7.02%。

(三)主要产品及加工工艺

目前,我国市场上商品西洋参按加工方法分,主要有原皮西洋参、粉光西洋参、西洋活性参、西洋红参、西洋参切片、西洋参粉、西洋参茶、西洋参果茶、西洋参药酒、西洋参胶囊、西洋参片剂等。按商品西洋参的外观形态分,主要有泡参(疙瘩参)、短枝西洋参、长枝西洋参、西洋参统货、西洋参须等。

1. 原皮西洋参

(1)加工设备　主要包括洗参设备、干燥设备和加工车间 3 部分。

①洗参设备　主要有高压泵、高压喷头、压力表、洗参池或洗参机。

②干燥设备　主要是锅炉(热源)、散热器、送风机、排潮机、控温装置、恒温装置、干燥架、干燥盘等。

干燥架是用于放置干燥盘的。其规格长、宽、高一般为200 厘米×80 厘米×300 厘米。多用 3 厘米×3 厘米角钢制成,分 14 层,每层放置 3 盘,每架放 42 盘。

干燥盘是放置备干鲜参用的。可用木框和竹帘(或铁网)

制成,其规格长、宽、高为 100 厘米×60 厘米×5 厘米。木框厚 1 厘米;竹帘片宽 1～1.5 厘米,竹片间隙 0.8～1 厘米。

③加工车间　包括烘干(干燥)室、整形包装室、成品贮藏室。

烘干室大小,依每年定型收获面积及总产量而定。加工 1 吨鲜参,干燥室面积为 25 平方米,若室高 3.5 米,则空间容积为 87.5 立方米。面积过大耗能多,面积过小不便作业。干燥室设计的基本要求是:密封好、防潮好、保温好。有进气和排气孔,进口处设有缓冲间,有电源。干燥室的利用季节性强,时间短,一般只 1 个月左右。所以,可选合适的房舍代替。专门设计的干燥室,在空闲季节作贮藏库最为理想。

整形包装室要求干燥、卫生,可用一般房舍代替。

成品贮藏室应干燥,通风良好,能防鼠、防虫。西洋参成品必须专库贮藏,不能和有毒、有异味农药及其他化学试剂合用一个库房。

(2)工艺流程

鲜品西洋参→ 洗刷→ 晾晒→ 烘干→ 打潮下须(精剪加工)→ 第二次烘干→ 整形包装

(3)技术要点

①洗刷　将鲜品西洋参放入水槽内,浸 20～30 分钟后送入刷洗机洗刷,或用高压水泵直接冲洗,直到洗净为止。机器洗刷不彻底的西洋参根,用人工再次洗刷,直到洗净为止。用水浸泡西洋参时,浸泡时间不宜过长,否则会降低西洋参根内水溶性成分的含量;洗刷时,要把芦碗、病疤和支根分叉处附着物洗净,以确保用药质量。

②晾晒　洗刷后的西洋参,按大(直径大于 20 毫米)、中(直径为 10～20 毫米)、小(直径小于 10 毫米)分别摆在烘干

帘(盘)上,每个帘(盘)上只能单层摆放一个规格的西洋参,摆后在日光下晾晒 4～5 小时,然后分别入室烘干。美国是晾晒 2～3 天后入室烘干。

③烘干 晾晒后的西洋参,按大小分别入室或入架,盛有大个西洋参的烘干帘(盘)放在温度稍高的地方。烘干室要求保温效果好,室内洁净。

烘干西洋参多采用变温烘干工艺,一次干燥成商品。变温烘干工艺有多种。

其一:

20℃→37℃→43℃→32℃

其二:

27℃→38℃→47℃

其三:

15.5℃→26.6℃→32℃

其四:

37.7℃→43.3℃→32℃

其五:

47℃→38℃

第一种变温烘干工艺是西洋参入室后,在 20℃ 条件下烘干 2～3 天,然后温度升至 40℃±3℃ 条件下烘干 8～10 天,接着温度由 40℃±3℃ 降至 32℃±1℃ 条件下,将西洋参烘至含水率 13% 左右时出室入库。其他几种变温工艺都是从较低温度或稍高温度开始烘干,烘至根内含水量为 35% 左右时,将温度调至适中温度下,烘制成成品为止。

加热过程中要及时排潮,开始在 20℃ 条件下烘干 2～3 天阶段,更要经常排潮,当温度升至 40℃±3℃ 时可适当减少次数;当温度控制在 32℃ 时,每天排潮 3～4 次即可。干燥室内受热不均时,应经常检查,并串动烘干帘(盘),保证做到室内西洋参参根干燥程度相近。

④ 精剪加工(打潮下须)　商品原皮西洋参是无须,无芋有芦或无芦的干燥棒状体。干燥的自然形体的西洋参,需要经过打潮下须,加工制成符合商品规格的产品。

打潮是用喷雾器将热水喷洒在干燥的西洋参根体上,一帘(盘)一帘地喷雾,然后摞叠起来并盖、围上薄膜,闷3～4小时,待参须软化后取出下须。

下须是取打潮后的西洋参,把主根体和主根体下部粗大支根上的须根贴近基部剪掉。由于商品参以自然根体长小于7厘米,无支根或有2～3条支根类型售价偏高或畅销。因此下须时,短于7厘米的粗大支根部分不能剪断,应从支根末端把须根剪下,根体长大于7厘米的,顺其自然形体,在末端把须根剪下,主体或粗大支根上的须要贴近基部剪下。剪截较粗大支根时,粗的要适当长留,细的要短留。将剪下的支须直接捆成小把。下须后及时将根体、直须、弯须分别摆放在烘干帘(盘)上准备再次烘干。

⑤ 二次烘干　将打潮下须后的根体、直须、弯须等放入烘干室内,在40℃条件下烘干24小时,就可出室分级入库。

2. 粉光西洋参

(1)工艺流程

鲜品西洋参→ 洗刷→ 晾晒→ 烘干→ 打潮下须(精剪加工)→ 第二次烘干→ 整形包装

(2)技术要点　粉光西洋参的洗刷、晾晒、打潮下须、二次烘干等多项工艺要求与原皮西洋参一样,所不同的是打潮下须后的根体不立即摆放在烘干盘上干燥,而是将根体与洁净的河沙(用清水反复冲洗至洁净为止)混装在相应的滚筒内,转动滚筒,使细沙与根体表面不停地摩擦,待表皮被擦掉后,筛出细沙,将根体摆放在烘干盘上,在40℃条件下烘干24小时,即可出室分级。

3. 活性西洋参

应用冷冻机升华干燥、微波灭菌及真空包装新技术。主要工艺流程:

选料→ 浸润→ 清洗→ 分选→ 冷冻处理→ 负压干燥→灭菌→ 包装

4. 西洋红参 采用高压、控温及定时技术。主要工艺流程:

选料→ 浸润→ 清洗→ 分选→ 气热处理→ 远红外干燥→灭菌→ 包装

5. 西洋烫参 采用适度、适时水热技术。主要工艺流程:

选料→ 浸润→ 清洗→ 分选→ 水热处理→ 远红外干燥→ 包装

6. 西洋参红果茶的加工技术 西洋参红果茶是利用西洋参果汁中的富含人参皂苷、维生素C、多种无机营养元素和氨基酸,并具有重要医疗保健应用价值特性研制而成。

(1)西洋参果汁保鲜技术 鲜西洋参果汁在常温下不易贮藏,会很快腐败变质。应用低温保鲜法,可贮藏1~2年。

(2)西洋参红果茶的加工技术 其主要工艺流程为:

采收果汁(粗滤)→ 混果汁(细滤)→ 清果汁(浓缩干燥)→ 果膏(粉碎)→ 果粉(加入辅料)→ 混拌→ 制粒→ 果茶→ 包装(热合)→ 成品

(3)产品类型主要如下。

① 糖型 辅助材料为精制白糖,适于一般人饮用。

② 非糖型　加入符合国家标准(GB)的食品添加剂,适用于糖尿病患者和肥胖人群饮用,可分为 TMS 型、DBT 型、MTC 型 3 种。

7. 西洋参茶的生产工艺　西洋参茶属于一种保健型的固体饮料,速溶,无残渣,西洋参味浓,且饮用方便。它是以西洋参为主体原料,加以葡萄糖粉及食品添加剂辅助而成。含有西洋参的各种有效成分,具有滋阴祛火、清肺益气、明目清心、生津止渴等功效。且有益于冠心病、高血压的防治,并抗癌、抗疲劳。

(1)西洋参茶的制备

① 剂型　茶剂。

② 配方　西洋参,主要有效成分;葡萄糖粉,辅助材料,充当赋型剂;还有食品添加剂。

③ 工艺技术

原材料提取:将西洋参加 10 倍量的矿泉水浸泡 24 小时,倾出提取液 a ;将剩余残渣再加水 5 倍量浸泡 12 小时,倾出提取液 b ;再将残渣加水,慢慢渗漉提取,得到渗漉液 c ;将所得到的提取液混合。

浓缩:将混合提取液加入夹层锅中进行浓缩,当体积减少到一半时停止。待凉后,通过过滤机过滤,使之澄清,肉眼无可见杂质,再继续浓缩,至密度为 1:2 时为止,即得浸膏。

配料制粒工艺流程:配料(西洋参浸膏、葡萄糖、添加剂)→ 混合 → 制粒 → 干燥 → 筛选 → 包装

配料:将浸膏与葡萄糖粉按 1:5 的比例混合,加入混合机中,同时加入适量食品添加剂,搅拌均匀,制成软材。

制粒:将混合后的物料,分数次加入颗粒机中制粒,粒度为 10 目。成品疏松多孔,颗粒均匀。

干燥：成粒后立即送入热风循环烘干箱中干燥,控制温度,干燥为止。

筛选：干燥后的颗粒经悬振筛筛选。合格者待包装。

包装：采用自动包装机制成内包装。滤塑复合膜小袋,每袋 3 克。

用法用量：每次 1 包,每日 3 次。

上述配方中的西洋参可以用西洋参根、西洋参须根、西洋参茎叶、西洋参花或果实,也可以直接用西洋参总皂苷。

(2)西洋参袋泡茶

①剂型　茶剂。

②配方与制备　主要原料为原皮西洋参须,将参须粉碎成颗粒过 20 目筛。辅料为甘草,将其切碎按重量 8∶1 加入,将两种原料混合均匀,干热灭菌装入特用袋泡茶滤纸袋内,缝合袋口,再盛入外套袋或盒内。每小袋 1.8 克 ,每 20 袋为1 盒。

③服法与用量　每日 2 袋,每次 1 袋,按饮茶法饮用,多次沸水冲泡效果更佳。

④效用　滋阴祛火,生津止渴,养血,安定精神,抗疲劳,抗衰老。

⑤贮藏　本品采用密封除氧包装,阴凉干燥保存。

(3)西洋参保健茶

①剂型　茶剂。

②配方　西洋参叶 65％、茶叶 20％、茉莉花 5％、甘草10％。

③制法　将西洋参叶喷水湿润闷软,放热锅内炒至净干,烘去水分,粉碎至 20 目,称重。将甘草、茶叶烘干(60℃),同茉莉花按比例一起粉碎至 14～20 目,混合均匀,搅拌,干热灭

菌,装袋。每袋 1.2 克,每 30 袋为 1 盒。

④效用 本品有滋阴生津,祛火降暑,补血养血,健胃化食,抗疲劳,抗衰老,提高机体免疫功能,强身健体的功效。

⑤用法与用量 用沸水冲泡饮用,多次沸水冲泡效果更佳,每次 1 袋,每天 2～3 袋。

⑥贮藏 阴凉干燥处保存。

8. 西洋参胶囊、片剂和浸膏粉剂的生产工艺

(1)西洋参胶囊

①剂型 胶囊剂。

②配方 西洋参粉 3 000 克。

③制法 将西洋参粉直接装入胶囊即可。

④功能与主治 补气养阴,清火生津。用于阴虚火旺,热病气阴两伤引起喘咳、痰中带血,烦倦口渴,津液不足,口干舌燥等。

⑤包装(规格) 每粒 0.3 克,每瓶 60 粒。

⑥用法用量 每次 5～10 粒,每日 2 次。

(2)西洋参片

①剂型 片剂。

②配方 西洋参粉 2 500 克,白砂糖粉 500 克。

③制法 将西洋参粉和砂糖粉混匀,过 100 目筛,制颗粒、干燥、整粒。应出颗粒 3 000 克,公差±3%。加润滑剂,混匀,压片,包衣,打光即得。每片重 0.3 克。

④用法与用量 每次 5～10 片,每日 2 次。

⑤包装 每瓶 100 片。

⑥功能与主治 大补元气,复脉固脱,安神生津。用于体弱,脾虚食少,肺虚喘咳,津伤口干。

⑦规格 300 毫克/片。

（3）西洋参浸膏粉剂的制法　该方法包括用水或水溶性有机剂提取西洋参或其组织培养物,将所得提取物浓缩至5%～50%,采用分级分离膜处理以去除浓缩提取物的10～10 000小分子成分,将处理好的液体进行喷雾干燥。产品对因胃肠道不适、糖尿病、紧张等造成的体弱具有滋补作用。这一方法可有效地提供具有高纯度和低温度的西洋参浸膏粉,可用作食品和固体饮料的添加剂,并广泛作为保健食品和药品之用。

9. 西洋参酒剂的生产工艺

（1）剂型　酒剂。

（2）配方　西洋参100克、枸杞子50克、甘草25克、白糖适量、白酒50升。

（3）制法

①冷浸法　将以上药材粉碎,装入布袋,置入适宜容器中,加白酒密封浸泡,夏季30天,其他季节40天,室温保持在15℃以上。每天搅拌1次,取出布袋,挤压,待布袋的浸出液澄清后,合并浸出液,过滤,加白糖,搅拌溶解,密闭,静待15天以后,过滤、灌封。

②预热冷浸法　将诸药粉碎,装入布袋置于适宜容器中,盖严。隔水加热或用蒸汽加热至沸,趁热取下,全部倾入缸中,密闭。然后按上述方法继续操作,即得。

（4）作用与用途　滋阴补血,生津止渴。久服轻身延年。

（5）用法与用量　每次10～15毫升,每日2～3次。

（6）贮藏　密闭,放阴凉处。

（四）西洋参产品的包装、贮藏与运输

加工后的西洋参不易久藏,因西洋参加工主要是干燥加

工而且温度较低,只是把水分降下来了,杀酶效果不如红参经过蒸制过程,也不如白参经过强制过程那样彻底有效。另外,西洋参的淀粉形态没有糊化过程,而红参的淀粉是糊化成糊精,白参淀粉糊化成白糊精均较耐贮。还有西洋参对皮色、断面、香味要求较高,在贮藏过程中如贮法不当,皮色变深,断面变灰,香味锐减均严重地影响质量。所以,西洋参的贮藏中需封闭式贮藏,开放式是不适宜的。

贮藏时应将加工过的西洋参水分降到 10% 以下,再装入塑料袋内,或装入带塑料袋的桶内,然后将塑料袋封口,再将桶封上。放入空调室内,温度保持在 0℃～10℃,空气相对湿度控制在 50%～60%;湿度过大易霉变。可用生石灰桶来调节,每间放 2～3 桶,根据吸湿情况不断更新,也可用吸湿机吸湿排潮。

1. 整形包装 目前产地销售方式多为统货,统货只将自然脱落的须根清除,再拣去病参即可装箱或装桶。装箱标准 30 厘米×60 厘米×90 厘米,装统货 15 千克,精剪参 20 千克。美国和加拿大用 45.36 千克的桶装。

(1)包装材料 外包装可选用新的塑料编制或纸箱、桶等,内包装为无毒塑料。

(2)包装记录 做好品名、产地、规格、等级、数量、质量验收人、日期,以及药材收贮的初包装登记、挂卡等工作。

(3)贴标 外包装上可印制标签内容或在醒目处贴标(挂卡),内容有品名、产地、等级、数量、毛重、净重、质量验收人、日期。

2. 运 输

(1)运输工具 各种洁净的运输车辆。

(2)注意事项 药材批量运输时,不应与其他有毒有害物质混装;运载容器应具有较好的通气性,以保持干燥,遇雨天要严格防潮。

3. 贮藏

(1)贮藏库要求　应有与药材贮藏量相适应的仓贮面积;具有防潮、防尘、防虫、防霉、防鼠、防火、防污染等设施。

(2)贮藏库的消毒　贮藏库应通风、干燥、避光。最好有空调及除湿设备,地面为混凝土或可冲洗的地面,并具有防鼠防虫措施。产品入库48小时前,应完成室内除尘、地面冲洗、紫外线消毒等。

(3)贮藏方法　包装好的产品应存放在货架上,与墙壁、地面保持60～70厘米的距离,并定期抽查,防止虫蛀、霉变、腐烂等现象。

在应用传统贮藏方法的同时,应注意消化吸收现代贮藏保管新技术、新设备,如冷冻气调、辐射法及国家食品、粮食贮藏法中允许使用的消毒药剂,如用药剂熏蒸,应经药品监督部门审核批准。

第八章　西洋参标准化
生产的产品规格及质量标准

随着现代科学技术的不断发展,一些新的加工设备、加工工艺、加工理念被应用,新的西洋参加工产品不断涌出。使人们对西洋参的消费更加方便。如西洋参片、西洋参口嚼片,西洋参胶囊、西洋参软胶囊,西洋参袋泡茶、西洋参果茶、活性西洋参等商品的出现,极大地丰富了西洋参产品的种类,下面主要介绍几种西洋参加工产品的商品规格和质量标准,供广大消费者和生产者参考。

一、中国原皮西洋参产品规格及质量标准

本标准引自中华人民共和国国家标准 GB/T 17356.1~17356.5—1998。仅供广大西洋参种植、加工企业及个体户参考。

中 华 人 民 共 和 国 国 家 标 准

西 洋 参 加 工 产 品 分 等 质 量 标 准

GB/T 17356.1—1998

Grade and quality standards of products of

Processed American ginseng

1　范围

本标准规定了西洋参加工产品技术要求试验方法、检验规则、标志、包装、运输和贮存。

本标准适用于西洋参的生产、加工、检验和经营。

2 引用标准

下列标准所包含的条文,通过在本标准中引用而构成为本标准的条文。本标准出版时,所示版本均为有效。所有标准都会被修订,使用本标准的各方应探讨使用下列标准最新版本的可能性。

GB 191—90 包装贮运图示标志

GB/T 15517.1—1995 模压红参分等质量标准

WS2—10(B—10)—88 西洋参

中华人民共和国药典(1995年版)一部

3 定义及术语

本标准采用下列定义及术语。

3.1 定义

栽培的西洋参采收后经过洗净、干燥、加工而成的原皮西洋参。

3.2 术语

3.2.1 主根 taproot

根茎以下的主体部分。

3.2.2 不定根 adventitious roots

从根茎上生出来的根,俗称"艼"。

3.2.3 表面 superficies

西洋参的表皮部分。

3.2.4 皮孔 cortical pore

西洋参表面具有的线状突起。

3.2.5 病疤 scabs

西洋参受病伤遗留下来的疤痕。

3.2.6 红支 red bodies

西洋参加工不当,表面变红,树脂道变成暗红色。

3.2.7 青枝 green bodies

西洋参加工不当,表面变青,参根内部也呈青色。

3.2.8 树脂道 resin gland

参根韧皮部棕黄色或棕色的点状或块状物。

3.2.9 形成层 cambium

韧皮部与木质部交界处具有分生能力的细胞,形成层呈环状。

3.2.10 参段(剪口)American ginseng segments

西洋参修剪下较粗的主根下端和侧根根段。

3.2.11 泡参 globose American ginseng

主根长度与直径较接近。

3.2.12 条参 strip American ginseng

修剪下较粗的侧根和直根。

3.2.13 短枝 prachyplast

自然收尾或略作修剪。

4 技术要求

4.1 外观、分等与规格

4.1.1 外观质量

西洋参加工产品外观分类要求见表1。

表1 西洋参加工产品外观分类要求

项　目	优 等 品	一 等 品	合 格 品
形　状	纺锤形、圆柱形或圆锥形、类圆球形	纺锤形、圆柱形或圆锥形、类圆球形	纺锤形、圆柱形或圆锥形、类圆球形
表　面	黄白色或浅黄褐色	黄白色或浅黄褐色	黄白色或浅黄褐色
环　纹	明显	明显	明显或较差
皮　孔	线状,明显	线状,明显	线状,明显

项　目	优 等 品	一 等 品	合 格 品
芦　头	有,已修剪	有,已修剪	有,已修剪或未修剪
纵 皱 纹	细密	有	有或无
断　面	黄白色,平坦可见树脂道斑点,形成层环明显	黄白色,平坦可见树脂道斑点,形成层环明显	黄白色或浅黄棕色,平坦可见树脂道斑点,形成层环明显
香　气	浓郁	浓	尚浓
病　疤	无	无	有,轻微
红　枝	无	无	无
青　枝	无	无	无
虫　蛀	无	无	无
霉　变	无	无	无

4.1.2　规格

西洋参加工产品规格见表2。

表2　西洋参加工产品规格

规　　格		直径(厘米)	长度(厘米)	平均单支重(克)
长　枝	超大枝	1.5～2.0	7.5～10.0	≥10
	特大枝	1.3～1.5	6.5～7.5	≥7
	大　枝	1.0～1.3	5.5～6.5	≥5
	中　枝	0.9～1.0	4.5～5.5	≥3.5
	小　枝	0.7～0.9	3.5～4.5	≥2.5

规 格		直径（厘米）	长度（厘米）	平均单支重（克）
短 枝	特 号	1.9～2.2	4.9～5.8	≥10
	短 1 号	1.6～2.0	4.6～5.6	≥7
	短 2 号	1.4～1.6	4.0～5.0	≥5
	短 3 号	1.3～1.4	3.6～4.2	≥3
	短 4 号	1.1～1.3	2.8～3.4	≥2
泡 参	1 号	—	—	≥7.0
	2 号	—	—	≥5
	3 号	—	—	≥3
	4 号	—	—	≥1.5
	5 号	—	—	<1.5
条 参	1 号	0.7～0.8	3.7～4.5	—
	2 号	0.5～0.6	3.4～4.0	—
参段（剪口）		≥0.5	1.0～1.2	—
参 须		—	≥2.0	—

注：超大枝和特号规格，可不受本表直径与长度规定，但直径和长度比（长枝按 1∶5，短枝按 1∶3）必须协调

4.2 理化指标

理化指标见表 3。

表 3 西洋参加工产品理化指标

项 目	单 位	优 等 品	一 等 品	合 格 品
定性鉴定	—	含有 Rb_1、Re、Rg_1、F_{11}	含有 Rb_1、Re、Rg_1、F_{11}	含有 Rb_1、Re、Rg_1、F_{11}
水 分	%	≤13	≤13	≤13
相对密度	—	≥1.0	≥1.0	≥1.0

项 目		单 位	优等品	一等品	合格品
总灰分		%	≤4.0	≤4.5	≤5.0
酸不溶灰分		%	≤0.4	≤0.5	≤0.7
西洋参总皂苷		%	≥6.5	≥5.5	≥5.0
人参皂苷 Rb_1		%	≥1.5	≥1.2	≥1.0
农药残留	六六六	mg/kg	≤0.1	≤0.1	≤0.1
	滴滴涕	mg/kg	≤0.01	≤0.01	≤0.01
	五氯硝基苯	mg/kg	≤0.1	≤0.1	≤0.1
有害元素	铅	mg/kg	≤1.0	≤1.0	≤1.0
	镉	mg/kg	≤0.5	≤0.5	≤0.5
	砷	mg/kg	≤1.0	≤1.0	≤1.0
	汞	mg/kg	≤0.03	≤0.03	≤0.03

注:本表内各项指标均按干品计算

5   试验方法

5.1   外观质量检验

取供试品 10 支,按表 1 规定检验。

5.2   西洋参定性鉴别试验

按 WS2—10(B—10)—88 中的[鉴别]规定进行,增加 F_{11} 对照品。

5.3   水分测定

取供试品约 3g,按《中华人民共和国药典》(1995 年版)一部附录 54 页,水分测定法——烘干法进行。

5.4   相对密度测定

按 GB/T 15517.1—1995 中 6.7 的测定法进行。

5.5　总灰分及酸不溶灰分测定

取供试品约 3 克，精密称量（称至 0.000 1 克），按《中华人民共和国药典》(1995 年版)一部附录 55 页，灰分测定法进行。

5.6　西洋参总皂苷测定

取供试品约 2 克，精密称量（称至 0.000 1 克），按 GB/T 15517.1—1995 中 6.8 的测定方法进行。

5.7　人参皂苷 Rb_1 含量测定

取供试品约 2 克，精密称量（称至 0.000 1 克），按 GB/T 15517.1—1995 中 6.10 的测定方法进行。

5.8　农药残留测定

取供试品约 2 克，精密称量（称至 0.000 1 克），按 GB/T 15517.1—1995 中 6.12 的测定方法进行。

5.9　铅的测定

按 GB/T 15517.1—1995 中 6.13 的测定方法进行。

5.10　镉的测定

按 GB/T 15517.1—1995 中 6.14 的测定方法进行。

5.11　砷的测定

按 GB/T 15517.1—1995 中 6.15 的测定方法进行。

5.12　汞的测定

按 GB/T 15517.1—1995 中 6.16 的测定方法进行。

6　检验规则

6.1　抽样

按《中华人民共和国药典》(1995 年版)一部附录 16 页，药材取样法抽样。抽样后取 1/3 量样品用粉碎机粉碎过 5 号筛，先称取测定水分样品后，其余置 60℃烘干，在硅胶干燥器中保存供各项检测用，另 2/3 量保存一年作副样。

6.2 出厂（场）检验

每批产品出厂（场）前,应由厂（场）质检部门按本标准4.1.1外观质量、4.1.2规格、4.2理化指标中的水分、总灰分及酸不溶灰分、西洋参总皂苷、人参皂苷 Rb_1 检验。上述项目为必检项目,其他项目可作不定期抽检。

6.3 型式检验

有下列情况之一时,应进行型式检验:

a)西洋参入库时;

b)西洋参在仓库贮存半年以上时,应周期性进行一次水分测定;

c)西洋参贮存仓库夏季严重潮湿或漏雨时,应随时抽检;

d)国家质量监督部门或卫生药检部门提出检验要求时。

6.4 判定规则

按本标准进行检验时,如有一项不合格时,再从该批产品中加倍抽样,重新复检,如全部合格,可判定产品合格,仍有一项不合格,可判定该批产品不合格。

7 标志、包装、运输、贮存

7.1 标志

必须标明产品名称、规格、等级、净含量、产地、生产日期、企业名称和地址、标准编号、外包装必须符合 GB 191 规定。

7.2 包装

西洋参内包装应用无毒、无害、防潮材料密封。外包装可用瓦楞纸箱密封包装,用打包带捆扎固定。

7.3 运输

运输时要注意防雨、防潮、防晒,装卸时小心轻放。不得与有毒、有害、有腐蚀性物品或不洁物混合装运。

7.4 贮存

贮存于阴凉、通风、干燥库房内,不得与有毒、有害、有腐蚀性的物品贮存在一起。

本标准由国家中医药管理局提出。

本标准有吉林农业大学、上海市药材有限公司神象参茸分公司、北京福斯特西洋参研究开发中心负责起草。

本标准主要起草人:李树殿、张聪、付建国、魏春雁、赵晓松、理跃雄、金德庄。

国家质量技术监督局 1998-05-07 发布,1998-12-01 实施。

二、冻干西洋参的产品规格及质量标准

本标准引自中华人民共和国国家标准 GB/T 17356.1～17356.5—1998。仅供广大西洋参种植、加工企业及个体户参考。

中华人民共和国国家标准

冻干西洋参(活性西洋参)分等质量标准

GB/T 17356.2—1998

Grade and quality standards of frozen dry

American ginseng(active American ginseng)

1 范围

本标准规定了冻干西洋参(活性西洋参)的技术要求、试验方法、检验规则、标志、包装、运输和贮存。

本标准适用于活性西洋参的生产、加工、检验和经营。

2 引用标准

下列标准所包含的条文,通过在本标准中引用而构成为本标准的条文。本标准出版时,所示版本均为有效。所有标准都会被修订,使用本标准的各方应探讨使用下列标准最新版本的可能性。

GB191—90　包装贮运图示标志

GB7718—94　食品标签通用标准

GB/T 15517.1—1995　模压红参分等质量标准

GB/T 17356.1—1998　西洋参加工产品分等质量标准

WS2—10(B—10)—88　西洋参

中华人民共和国药典(1995年版)一部

药品卫生检验方法　卫生部1990年12月颁布

3　定义及术语

本标准采用下列定义、术语及 GB/T 17356.1 中术语。

3.1　定义

鲜西洋参经洗净、排针后,用冷冻干燥法加工而成的西洋参,称为冻干西洋参。

3.2　术语

3.2.1　侧根 lateral roots

主根上生长较粗的根。

参根折断后,可见到脱落的粉末。

3.2.3　针孔 pinholes

冷冻干燥时便于水分由冰态变成汽态迅速蒸发,在西洋参表面用针刺的针孔。

4　技术要求

4.1　外观质量分等与规格

4.1.1　外观质量

外观质量见表1。

表1 冻干西洋参(活性西洋参)外观质量与分等标准

项 目	优等品	一等品	合格品
主 根	长枝或短枝	长枝或短枝	长枝或短枝
表 面	白色或淡黄白色	黄白色	黄白色或棕黄色
环 纹	明显	明显	明显或较明显
皮 孔	线状,明显	线状,明显	线状,明显
芦 头	完整	完整	完整
侧根及须根	完全	较完全	较完全,但断须较多
断 面	白色或淡黄白色,呈粉性,可见树脂道斑点,形成层环明显	淡黄白色,呈粉性,可见树脂道斑点,形成层环明显	淡黄白色,呈粉性,可见树脂道斑点,形成层环较明显
病 疤	无	无	无或轻微
针 孔	有	有	有
香 气	浓郁	浓	尚浓
虫 蛀	无	无	无
霉 变	无	无	无

注:不得用硫黄等化学物质漂白处理

4.1.2 规格

规格见表2。

表2 冻干西洋参(活性西洋参)规格

规 格	长枝系列	短枝系列
	单枝重(克)	单枝重(克)
特大枝	>15	>10
大 枝	11～15	8～10
中 枝	8～10.9	5～7.9
小 枝	<8	<5

4.2 理化指标

理化指标见表3。

表3 冻干西洋参(活性西洋参)理化指标

项 目		单 位	优 等 品	一 等 品	合 格 品
定性鉴定		—	含有 Rb_1、Re、Rg_1、F_{11}	含有 Rb_1、Re、Rg_1、F_{11}	含有 Rb_1、Re、Rg_1、F_{11}
水分		%	≤8	≤8	≤10
总灰分		%	≤2.5	≤3.0	≤3.5
酸不溶灰分		%	≤0.4	≤0.5	≤0.7
西洋参总皂苷		%	≥6.5	≥5.5	≥5.0
人参皂苷 Rb_1		%	≥1.5	≥1.2	≥1.0
农药残留	六六六	毫克/千克	≤0.1	≤0.1	≤0.1
	滴滴涕	毫克/千克	≤0.01	≤0.01	≤0.01
	五氯硝基苯	毫克/千克	≤0.1	≤0.1	≤0.1
有害元素	铅	毫克/千克	≤1.0	≤1.0	≤1.0
	镉	毫克/千克	≤0.5	≤0.5	≤0.5
	砷	毫克/千克	≤1.0	≤1.0	≤1.0
	汞	毫克/千克	≤0.03	≤0.03	≤0.03
卫生学检验	细菌总数	个/g	≤50 000	≤50 000	≤50 000
	霉菌	个/g	≤500	≤500	≤500
	大肠杆菌	—	不得检出	不得检出	不得检出

5 试验方法

5.1 外观质量检验

取供试品10支,按表1规定检验。

5.2 西洋参定性鉴别试验

按 WS2—10（B—10）—88 中的［鉴别］规定进行，增加 F_{11} 对照品。

5.3 水分测定

取粉碎后的供试品约 5 克（称至 0.000 1 克），按《中华人民共和国药典》(1995 年版)一部附录 54 页，水分测定法—烘干法进行。

5.4 总灰分及酸不溶灰分测定

取供试品约 3 克，精密称量（称至 0.000 1 克），按《中华人民共和国药典》(1995 年版)一部附录 55 页，灰分测定法进行。

5.5 西洋参总皂苷测定

取供试品约 2 克，精密称量（称至 0.000 1 克），按 GB/T 15517.1—1995 中 6.8 的测定方法进行。

5.6 人参皂苷 Rb_1 含量测定

取供试品约 2 克，精密称量（称至 0.000 1 克），按 GB/T 15517.1—1995 中 6.10 的测定方法进行。

5.7 农药残留量测定

取供试品约 5 克，精密称量（称至 0.000 1 克），按 GB/T 15517.1—1995 中 6.12 的测定方法进行。

5.8 铅的测定

按 GB/T 15517.1—1995 中 6.13 的测定方法进行。

5.9 镉的测定

按 GB/T 15517.1—1995 中 6.14 的测定方法进行。

5.10 砷的测定

按 GB/T 15517.1—1995 中 6.15 的测定方法进行。

5.11 汞的测定

按 GB/T 15517.1—1995 中 6.16 的测定方法进行。

5.12　卫生学检验

按《药品卫生检验方法》进行。

6　检验规则

6.1　抽样

按《中华人民共和国药典》(1995 年版)一部附录 16 页，药材取样法抽样。抽样后取 1/3 量样品用粉碎机粉碎，过 5 号筛，先称取测定水分样品后，其余置 60℃烘干，在硅胶干燥器中保存供各项检测用，另 2/3 量保存一年作副样。

6.2　出厂检验

每批产品出厂前，应由厂质检部门按本标准 4.1.1 外观质量、4.1.2 规格、4.2 理化指标的水分、西洋参总皂苷检验。上述项目为必检项目，其他项目可作不定期抽检。

6.3　型式检验

有下列情况之一时，应进行型式检验：

a)冻干西洋参(活性西洋参)入库时；

b)冻干西洋参(活性西洋参)在仓库贮存半年以上时，应周期性进行一次水分测定；

c)冻干西洋参(活性西洋参)在生产加工过程中，原料来源发生变化时；

d)冻干西洋参(活性西洋参)贮存仓库夏季严重潮湿或漏雨时，应随时抽检；

e)国家质量监督部门或卫生药检部门提出检验要求时。

6.4　判定规则

按本标准进行检验时，如有一项不合格时，再从该批产品中加倍抽样，重新复检，如全部合格，可判定产品合格，仍有一项不合格，可判定该批产品不合格。有大肠杆菌检出，不得复检,不准销售。

7 标志、包装、运输、贮存

7.1 标志

冻干西洋参(活性西洋参)标志必须符合 GB 7718 规定。

7.2 包装

7.2.1 内包装

将冻干西洋参(西洋参)抽真空密封。

7.2.2 中包装

每盒装 1～2 支冻干西洋参(活性西洋参)。盒外印有产品名称、注册商标、规格、净含量、厂名、厂址、产品标准、编号、适用范围、用法、用量、产品条码、生产日期、批号、保质期等。

7.2.3 外包装

外包装印有品名、规格、批号、数量、厂名、厂址、重量。必须标明"小心轻放"、"防雨"等贮运符号,并符合 GB 191 规定。

7.3 运输

在运输中要注意防雨、防潮、防摔,不得与有毒、有害、有腐蚀性、有异味物品混运。

7.4 贮存

贮存于阴凉、通风、干燥库房内,不得与有毒、有害、有腐蚀性、有异味物品混合贮存。

8 保质期

保质期二年。

本标准由国家中医药管理局提出。

本标准由吉林省西洋参集团公司、吉林农业大学负责起草。

本标准主要起草人：李树殿、王刚、许新秋、张详菊、满孝平、张福营、田吉春。

本标准由国家质量技术监督局 1998-05-07 发布，1998-12-01 实施。

三、西洋参片的产品规格及质量标准

本标准引自中华人民共和国国家标准 GB/T 17356.1～17356.5—1998。仅供广大西洋参种植、加工企业及个体户参考。

中 华 人 民 共 和 国 国 家 标 准

西洋参片分等质量标准　GB/T 17356.3—1998

Grade and quality standards of

American ginseng chips

1　范围

本标准规定了西洋参片的技术要求、试验方法、检验规则、标志、包装、运输和贮存。

本标准适用于西洋参片的生产、加工、检验和经营。

2　引用标准

下列标准所包含的条文，通过在本标准中引用而构成为本标准的条文。本标准出版时，所示版本均为有效。所有标准都会被修订，使用本标准的各方应探讨使用下列标准最新版本的可能性。

GB 191—90　包装贮运图示标志

GB 7718—94　食品标签通用标准

GB/T 15517.1—1995　模压红参分等质量标准

WS2—10(B-10)—88　西洋参

中华人民共和国药典(1995 年版)一部

药品卫生检验方法 卫生部 1990 年 12 月颁布

3 定义及术语

本标准采用下列定义及术语。

3.1 定义

西洋参片是以西洋参经软化后,切制而成的薄片。

3.2 术语

3.2.1 片面 flake surface

西洋参的横切片。

3.2.2 片径 flake diameter

片面最宽部分的直径。

3.2.3 花片 coloured flake

片面色泽不均。

3.2.4 片厚 flake thickness

参片的薄厚。

4 技术要求

4.1 外观质量

外观质量见表1。

表 1 西洋参片外观质量

项 目	优 等 品	一 等 品	合 格 品
形 状	类圆形或椭圆形	类圆形或椭圆形	类圆形或椭圆形
片 面	淡黄白色,平坦,无花片	淡黄白色,平坦,无花片	黄白色或浅棕色,平坦,有个别花片
片径(厘米)	≥1.5	≥1.2	≥0.8
片厚(厘米)	0.05~0.1	0.05~0.1	0.05~0.1
气 味	香气浓郁,味微苦甘	香气浓,味微苦甘	香气弱,味微苦甘
质 地	较脆,易折断	较脆,易折断	较脆,易折断

项 目	优 等 品	一 等 品	合 格 品
病 疤	无	无	无或有轻度病疤
碎 片	无	≤10%	≤20%
形成层环	棕黄色	棕色	棕黄色或深棕色
虫 蛀	无	无	无
霉 变	无	无	无

4．2 理化指标

理化指标见表2。

表2 西洋参片理化指标

项 目		单 位	优等品	一等品	合格品
定性鉴定		—	含有 Rb_1、Re、Rg_1、F_{11}	含有 Rb_1、Re、Rg_1、F_{11}	含有 Rb_1、Re、Rg_1、F_{11}
水 分		%	≤8	≤9	≤10
总灰分		%	≤4.0	≤4.5	≤5.0
酸不溶灰分		%	≤0.4	≤0.5	≤0.5
西洋参总皂苷		%	≥5.5	≥5.0	≥4.5
人参皂苷 Rb_1		%	≥1.1	≥1.0	≥0.9
农药残留	六六六	毫克/千克	≤0.1	≤0.1	≤0.1
	滴滴涕	毫克/千克	≤0.01	≤0.01	≤0.01
	五氯硝基苯	毫克/千克	≤0.1	≤0.1	≤0.1
有害元素	铅	毫克/千克	≤1.0	≤1.0	≤1.0
	镉	毫克/千克	≤0.5	≤0.5	≤0.5
	砷	毫克/千克	≤1.0	≤1.0	≤1.0
	汞	毫克/千克	≤0.03	≤0.03	≤0.03

项 目		单 位	优 等 品	一 等 品	合 格 品
卫生学检验	细菌总数	个/克	<50 000	<50 000	<50 000
	霉 菌	个/克	<500	<500	<500
	大肠杆菌	—	不得检出	不得检出	不得检出

5 试验方法

5.1 外观质量检验

取供试品 5～10 克,按表 1 规定检验。

5.2 西洋参定性鉴别试验

按 WS2—10(B—10)—88 中的[鉴别]规定进行,增加对照品 F_{11}。

5.3 水分测定

取供试品约 2 克,按《中华人民共和国药典》(1995 年版)一部附录 54 页,水分测定法—烘干法进行。

5.4 总灰分及酸不溶灰分测定

取供试品约 3 克,精密称量(称至 0.000 1 克),按《中华人民共和国药典》(1995 年版)一部附录 55 页,灰分测定法进行。

5.5 西洋参总皂苷测定

取供试品约 2 克,精密称量(称至 0.000 1 克),按 GB/T 15517.1—1995 中 6.8 的测定方法进行。

5.6 人参皂甙 Rb₁ 含量测定

取供试品约 2 克,精密称量(称至 0.000 1 克),按 GB/T 15517.1—1995 中 6.10 的测定方法进行。

5.7 农药残留量测定

取供试品约 5 克,精密称量(称至 0.000 1 克),按 GB/T

15517.1—1995 中 6.12 的测定方法进行。

5.8 铅的测定

按 GB/T 15517.1—1995 中 6.13 的测定方法进行。

5.9 镉的测定

按 GB/T 15517.1—1995 中 6.14 的测定方法进行。

5.10 砷的测定

按 GB/T 15517.1—1995 中 6.15 的测定方法进行

5.11 汞的测定

按 GB/T 15517.1—1995 中 6.16 的测定方法进行。

5.12 卫生学检验

按《药品卫生检验方法》进行。

6 检验规则

6.1 抽样

按《中华人民共和国药典》(1995 年版)一部附录 16 页，药材取样法抽样。抽样后，取 1/3 量样品用粉碎机粉碎过 5 号筛，先称取测定水分样品后，其余置 60℃烘干，在硅胶、干燥器中保存供各项检测用，另 2/3 量保存一年作副样。

6.2 出厂检验

每批产品出厂前，由厂质检部门按本标准 4.1 外观质量、4.2 理化指标中的水分、西洋参总皂苷、人参皂苷 Rb_1 检验。上述项目为必检项目，其他项目可作为不定期抽检。

6.3 型式检验

有下列情况之一时，应进行型式检验：

a)西洋参片入库时；

b)西洋参片在仓库贮存半年以上时，应周期性进行一次水分测定；

c)西洋参片在生产过程中，原料变化时；

d)西洋参片贮存仓库夏季严重潮湿或漏雨时,应随时抽检;

e)国家质量监督部门或卫生药检部门提出检验要求时。

6.4 判定规则

按本标准进行检验时,如有一项不合格时,再从该批产品中加倍抽样,重新复检,如全部合格,可判定产品合格,仍有一项不合格,可判定该批产品不合格。如有大肠杆菌检出,不得复检和销售。

7 标志、包装、运输、贮存

7.1 标志

西洋参片标志必须符合 GB 7718 规定。

7.2 包装

7.2.1 内包装

用无毒、无害、防潮材料密封。

7.2.2 中包装

盒外印有产品名称、注册商标、规格、等级、净含量、厂名、厂址、邮编、电话、产品标准、功能、主治、用法、用量、产品条码、生产日期、批号、保质期等。

7.2.3 外包装

箱内装有产品合格证,装箱单。箱外印有品名、规格、数量、厂名、厂址、邮编、电话、出厂日期、必须标明"小心轻放"、"防雨"等贮运符号,并符合 GB 191 的规定。

7.3 运输

在运输中要注意防雨、防潮、防摔,不得与有毒、有害、有腐蚀性、有异味物品贮存。

8 保质期

保质期为二年。

本标准由国家中医药管理局提出。

本标准由上海药材有限公司神象参茸分公司、北京福斯特西洋参研究开发中心负责起草。

本标准主要起草人：张聪、付建国、李跃雄、刘文芝、金德庄、张雪松、张晶、郭清伍。

本标准由国家质量技术监督局 1998-05-07 发布,1998-12-01 实施。

四、西洋参口嚼片产品规格及质量标准

本标准引自中华人民共和国国家标准 GB/T 17356.1～17356.5—1998。仅供广大西洋参种植、加工企业及个体户参考。

中 华 人 民 共 和 国 国 家 标 准

西洋参口嚼片分等质量标准 　　GB/T 17356.4—1998

Grade and quality standards of
American ginseng chewing chips

1 范围

本标准规定了西洋参口嚼片的技术要求、试验方法、检验规则、标志、包装、运输和贮存。

本标准适用于西洋参口嚼片的生产、加工、检验和经营。

2 引用标准

下列标准所包含的条文,通过在本标准中引用而构成为本标准的条文。本标准出版时,所示版本均为有效。所有标准都会被修订,使用本标准的各方应探讨使用下列标准最新版本的可能性。

GB 191—90　包装贮运图示标志

GB 7718—94　食品标签通用标准

GB/T 15517.1—1995　模压红参分等质量标准

GB/T 17356.3—1998　西洋参片分等质量标准

WS2—10(B—10)—88　西洋参

中华人民共和国药典(1995 年版)一部

药品卫生检验方法　卫生部 1990 年 12 月颁布

3　定义及术语

本标准采用下列定义、术语及 GB/T 17356.3 中术语。

3.1　定义

西洋参口嚼片是以鲜西洋参主根为原料,经过蒸制、切片、真空冷冻干燥技术加工而成供直接口含嚼服。

3.2　术语

吸湿性　Hygroscopicity

参片露置空气中吸收水分的程度。

4　技术要求

4.1　外观质量

外观质量见表 1。

表 1　西洋参口嚼片外观要求

项　目	优等品	一等品	合格品
形　状	类圆形或椭圆形	类圆形或椭圆形	类圆形或椭圆形
片　面	白色或淡黄白色	白色或淡黄白色	白色或淡黄白色
片径(厘米)	≥2.0	≥1.5	≥0.8
片厚(厘米)	0.2±0.05	0.2±0.05	0.2±0.05
气　味	香气浓郁,味微甘而后苦	香气浓郁,味微甘而后苦	香气浓郁,味微甘而后苦
质　地	轻,疏脆,易碎	轻,疏脆,易碎	轻,疏脆,易碎

续表1

项 目	优 等 品	一 等 品	合 格 品
吸湿性	强	强	强
碎 片	无	≤10%	≤20%
虫 蛀	无	无	无
霉 变	无	无	无

4.2 理化指标

理化指标见表2。

表2 西洋参口嚼片理化指标

项 目		单 位	优 等 品	一 等 品	合 格 品
定性鉴定		—	含有 Rb_1、Re、Rg_1、F_{11}	含有 Rb_1、Re、Rg_1、F_{11}	含有 Rb_1、Re、Rg_1、F_{11}
水 分		%	≤8	≤8	≤8
总灰分		%	≤2.5	≤3.0	≤3.0
酸不溶灰分		%	≤0.3	≤0.4	≤0.4
西洋参总皂苷		%	≥5.0	≥4.5	≥3.8
人参皂苷 Rb_1		%	≥1.0	≥0.9	≥0.8
农药残留	六六六	毫克/千克	≤0.1	≤0.1	≤0.1
	滴滴涕	毫克/千克	≤0.01	≤0.01	≤0.01
	五氯硝基苯	毫克/千克	≤0.1	≤0.1	≤0.1
有害元素	铅	毫克/千克	≤1.0	≤1.0	≤1.0
	镉	毫克/千克	≤0.5	≤0.5	≤0.5
	砷	毫克/千克	≤1.0	≤1.0	≤1.0
	汞	毫克/千克	≤0.03	≤0.03	≤0.03

续表 2

项　目		单　位	优 等 品	一 等 品	合 格 品
卫生学检验	细菌总数	个/克	≤10 000	≤10 000	≤10 000
	霉　菌	个/克	≤500	≤500	≤500
	大肠杆菌	—	不得检出	不得检出	不得检出

5　试验方法

5.1　外观质量检验

取供试品 5～10 克,按表 1 规定检验。

5.2　西洋参定性鉴别试验

按 WS2—10(B—10)—88 中的[鉴别]规定进行,增加对照品 F_{11}。

5.3　水分测定

取供试品约 2 克,按《中华人民共和国药典》(1995 年版)一部附录 54 页,水分测定法—烘干法进行。

5.4　总灰分及酸不溶灰分测定

取供试品约 3 克,精密称量(称至 0.000 1 克),按《中华人民共和国药典》(1995 年版)一部附录 55 页,灰分测定法进行。

5.5　西洋参总皂苷测定

取供试品约 2 克,精密称量(称至 0.000 1 克),按 GB/T 15517.1—1995 中 6.8 的测定方法进行。

5.6　人参皂苷 Rb_1 含量测定

取供试品约 2 克,精密称量(称至 0.000 1 克),按 GB/T 15517.1—1995 中 6.10 的测定方法进行。

5.7　农药残留量测定

取供试品约 5 克,精密称量(称至 0.000 1 克),按 GB/T

15517.1—1995 中 6.12 的测定方法进行。

5.8　铅的测定

按 GB/T 15517.1—1995 中 6.13 的测定方法进行。

5.9　镉的测定

按 GB/T 15517.1—1995 中 6.14 的测定方法进行。

5.10　砷的测定

按 GB/T 15517.1—1995 中 6.15 的测定方法进行。

5.11　汞的测定

按 GB/T 15517.1—1995 中 6.16 的测定方法进行。

5.12　卫生学检验

按《药品卫生检验方法》进行。

6　检验规则

6.1　抽样

按《中华人民共和国药典》(1995 年版)一部附录 16 页药材取样法抽样。抽样后,取 1/3 量样品用粉碎机粉碎过 5 号筛,先称取测定水分样品后,其余置 60℃烘干,在硅胶干燥器中保存供各项检测用,另 2/3 量保存一年作副样。

6.2　出厂检验

每批产品出厂前,应由厂质检部门按本标准 4.1 外观质量、4.2 理化指标中的水分、西洋参总皂苷、人参皂苷 Rb_1 检验。上述项目为必检项目,其他项目可作不定期抽检。

6.3　型式检验

有下列情况之一时,应进行型式检验:

a)西洋参口嚼片入库时;

b)西洋参口嚼片在仓库贮存半年以上时,应周期性进行一次水分测定;

c)西洋参口嚼片贮存仓库,夏季严重潮湿或漏雨时,应随时抽检；

　　d)西洋参口嚼片原料发生变化时；

　　e)国家质量监督部门或卫生药检部门提出检验要求时。

　　6.4　判定规则

　　按本标准进行检验，如有一项不合格时，再从该批产品中加倍抽样，重新复检，如全部合格，可判定产品合格，仍有一项不合格，可判定该批产品不合格。如有大肠杆菌检出，不得复检和销售。

7　标志、包装、运输、贮存

　　7.1　标志

　　西洋参口嚼片标志必须符合 GB 7718 规定。

　　7.2　包装

　　7.2.1　内包装

　　将西洋参口嚼片定量装入铝箔袋中密封。包装上印有品名、净含量、厂名、批号、服法、用量。

　　7.2.2　中包装

　　用纸套盒包装，盒内附产品说明书，盒外印有产品名称、注册商标、规格、等级、净含量、厂名、厂址、标准编号、用法、用量、产品条码、生产日期、批号、保质期等。

　　7.2.3　外包装

　　用瓦楞纸箱，打包带捆扎固定。箱内装有产品合格证，装箱单。箱外印有品名、规格、数量、厂名、厂址、邮编、电话、出厂日期，必须标明"小心轻放"、"防雨"、"防潮"等贮运符号，并符合 GB 191 的规定。

　　7.3　运输

　　在运输中要注意防雨、防潮、防摔，不得与有毒、有害、有腐蚀性、有异味物品混运。

7.4 **贮存**

贮存于阴凉、通风、干燥库房内,不得与有毒、有害、有腐蚀性、有异味物品混合贮存。

8 保质期

保质期二年。

本标准由国家中医药管理局提出。

本标准由黑龙江中医药大学、吉林农业大学负责起草。

本标准主要起草人:罗振英、张崇宁、李树殿、张晶、郭清伍、魏春雁、李希春。

本标准由国家质量技术监督局 1998-05-07 发布,1998-12-01 实施。

五、西洋参袋泡茶产品规格及质量标准

本标准引自中华人民共和国国家标准 GB/T 17356.1~17356.5—1998。仅供广大西洋参种植、加工企业及个体户参考。

中华人民共和国国家标准

西洋参袋泡茶分等质量标准　　GB/T 17356.5—1998

Grade and quality standards of

American ginseng rea

1 范围

本标准规定了西洋参袋泡茶的技术要求、试验方法、检验规则、标志、包装、运输和贮存。

本标准适用于西洋参袋泡茶片的生产、加工、检验和经营。

2 引用标准

下列标准所包含的条文,通过在本标准中引用而构成为本标准的条文。本标准出版时,所示版本均为有效。所有标准都会被修订,使用本标准的各方应探讨使用下列标准最新版本的可能性。

GB 191—90　包装贮运图示标志

GB 7718—94　食品标签通用标准

GB/T 15517.1—1995　模压红参分等质量标准

WS2—10(B—10)—88　西洋参

中华人民共和国药典(1995 年版)一部

药品卫生检验方法　卫生部 1990 年 12 月颁布

3 定义

本标准采用下列定义。

西洋参袋泡茶是西洋参经粉碎、包装、灭菌加工而制成。

4 技术要求

4.1 外观质量

4.1.1　色泽　淡黄白色或黄白色固体粉末。

4.1.2　形态　固体粗粉。

4.1.3　气味　味微苦,甘。具有西洋参特有的香气。

4.2 理化指标

理化指标见表1。

表 1　西洋参袋泡茶理化指标

项　目		单　位	优 等 品	一 等 品	合 格 品
重　量		g	标示量±5%	标示量±5%	标示量±5%
粒　度		—	3～4 号筛	3～4 号筛	3～4 号筛
定性鉴定		—	含有 Rb$_1$、Re、Rg$_1$、F$_{11}$	含有 Rb$_1$、Re、Rg$_1$、F$_{11}$	含有 Rb$_1$、Re、Rg$_1$、F$_{11}$
水　分		%	≤6	≤7	≤8
总 灰 分		%	≤4.0	≤4.5	≤5.0
酸不溶灰分		%	≤0.8	≤0.9	≤1.0
西洋参总皂苷		%	6.0～10.0	5.5～10.0	5.0～10.0
人参皂苷 Rb$_1$		%	≥1.5	≥1.2	≥1.0
农药残留	六六六	毫克/千克	≤0.1	≤0.1	≤0.1
	滴滴涕	毫克/千克	≤0.01	≤0.01	≤0.01
	五氯硝基苯	毫克/千克	≤0.1	≤0.1	≤0.1
有害元素	铅	毫克/千克	≤1.0	≤1.0	≤1.0
	镉	毫克/千克	≤0.5	≤0.5	≤0.5
	砷	毫克/千克	≤1.0	≤1.0	≤1.0
	汞	毫克/千克	≤0.03	≤0.03	≤0.03
卫生学检验	细菌总数	个/克	≤50 000	≤50 000	≤50 000
	霉菌	个/克	≤500	≤500	≤500
	大肠杆菌	—	不得检出	不得检出	不得检出

5　试验方法

5.1　外观质量检验

取西洋参袋泡茶 5 袋,破开包装后,分别倒在白纸上,按外观质量要求逐项进行检验。

5.2 粒度检验

取本品 5 袋,破开包装置筛内,过筛时,筛保持水平状态,左右往返轻轻筛动,每一号筛过筛 3 分钟,2 号筛应能 100%通过,5 号筛以上的细粉不得超过 5%。

5.3 西洋参定性鉴别

按 WS2—10(B—10)—88 中的[鉴别]规定进行,增加对照品 F_{11}。

5.4 水分测定

取样品约 5 克,按《中华人民共和国药典》(1995 年版)一部附录 54 页,水分测定法—烘干法进行。

5.5 总灰分及酸不溶灰分测定

取供试品约 3 克,精密称量(称至 0.000 1 克),同《中华人民共和国药典》(1995 年版)一部附录 55 页,灰分测定法进行。

5.6 西洋参总皂苷测定

取供试品约 2 克,精密称量(称至 0.000 1 克),按 GB/T 15517.1—1995 中 6.8 的测定方法进行。

5.7 人参皂苷 Rb_1 含量测定

按 GB/T 15517.1—1995 中 6.10 的测定方法进行。

5.8 农药残留量测定

取供试品约 5 克,精密称量(称至 0.000 1 克),按 GB/T 15517.1—1995 中 6.12 的测定方法进行。

5.9 铅的测定

按 GB/T 15517.1—1995 中 6.13 的测定方法进行。

5.10 镉的测定

按 GB/T 15517.1—1995 中 6.14 的测定方法进行。

5.11 砷的测定

按 GB/T 15517.1—1995 中 6.15 的测定方法进行。

5.12 汞的测定

按 GB/T 15517.1—1995 中 6.16 的测定方法进行。

5.13 卫生学检验

按《药品卫生检验方法》进行。

6 检验规则

6.1 抽样

以每批生产的同原料、同规格产品为一批。每批随机抽取 20 袋。抽样后的 1/2 量样品用粉碎机粉碎,过 5 号筛,先称取测定水分样品后,其余置 60℃烘干,在硅胶干燥器中保存,供各项检测用,另 1/2 量保存一年作副样。

6.2 出厂检验

每批产品出厂前,应由厂质检部门,按本标准的 4.1 外观质量、4.2 理化指标中的水分、西洋参总皂苷、人参皂苷 Rb_1 检验。上述项目为必检项目,其他项目可作不定期抽检。

6.3 型式检验

有下列情况之一时,应进行型式检验:

a)西洋参袋泡茶入库时;

b)西洋参袋泡茶在仓库贮存半年以上时,应周期性进行一次水分测定;

c)西洋参袋泡茶在生产过程中,原料来源发生变化时;

d)西洋参袋泡茶在贮存仓库时夏季严重潮湿或漏雨时,应随时抽检;

e)国家质量监督部门和卫生药检部门提出检验要求时。

6.4 判定规则

按本标准进行检验时,如有一项不合格时,再从该批产品中加倍抽样,重新复检,如全部合格,可判定产品合格,仍有一项不合格,可判定该批产品不合格。有大肠杆菌检出,不得复检和销售。

7 标志、包装、运输、贮存

7.1 标志

西洋参袋泡茶标志必须符合 GB 7718 规定。

7.2 包装

7.2.1 内包装

西洋参粉用绵纸包装,外套铝箔袋密封。

7.2.2 中包装

用纸盒密封。盒内装有产品说明书。盒外印有产品名称、注册商标、等级、净含量、厂名、厂址、标准编号、用法、用量、产品条码、生产日期、批号、保质期等。

7.2.3 外包装

用瓦楞纸箱,打包带捆扎固定,箱内装有产品合格证、装箱单。箱外印有品名、数量、厂名、厂址、出厂日期。必须标明"小心轻放"、"防雨"、"防潮"等贮运符号,并符合 GB 191 规定。

7.3 运输

在运输中要注意防雨、防潮、防摔、不得与有毒、有害、有腐蚀性、有异味物品混运。

7.4 贮存

贮存于阴凉、通风、干燥库房内,不得与有毒、有害、有腐蚀性、有异味物品混合贮存。

8 保质期

保质期二年。

本标准由国家中医药管理局提出。

本标准由北京福斯特西洋参研究开发中心、吉林农业大学负责起草。

本标准主要起草人：刘文芝、付建国、张雪松 、李树殿、张晶、郭清伍。

本标准由国家质量技术监督局 1998-05-07 发布，1998-12-01 实施。

附　　录

附录一　中药材生产质量管理规范(试行)

2002年3月18日经国家药品监督管理局局务会审议通过。本规定自2002年6月1日起施行。

第一章　总　　则

第一条　为规范中药材生产,保证中药材质量,促进中药标准化、现代化,制定本规范。

第二条　本规范是中药材生产和质量管理的基本准则,适用于中药材生产企业(以下简称生产企业)生产中药材(含植物、动物药)的全过程。

第三条　生产企业应运用规范化管理和质量监控手段,保护野生药材资源和生态环境,坚持"最大持续产量"原则,实现资源的可持续利用。

第二章　产地生态环境

第四条　生产企业应按中药材产地适宜性优化原则,因地制宜,合理布局。

第五条　中药材产地的环境应符合国家相应标准:

空气应符合大气环境质量二级标准;土壤应符合土壤质量二级标准;灌溉水应符合农田灌溉水质量标准;药用动物饮水应符合生活用水质量标准。

第六条　药用动物养殖企业应满足动物种群对生态因子的需求及与生活、繁殖等相适应的条件。

第三章　种质和繁殖材料

第七条　对养殖、栽培或野生采集的药用动植物,应准确鉴定其物种,应包括亚种、变种或品种,记录其中文名及学名。

第八条　种子、菌种和繁殖材料在生产、贮运过程中应实行检验和检疫制度以保证质量和防止病虫害及杂草的传播;防止伪劣种子、菌种和繁殖材料的交易与传播。

第九条　应按动物习性进行药用动物的引种及驯化。捕捉和运输时应避免动物机体和精神损伤。引种动物必须严格检疫,并进行一定时间的隔离、观察。

第十条　加强中药材良种选育、配种工作,建立良种繁育基地,保护药用动植物种质资源。

第四章　栽培与养殖管理

第一节　药用植物栽培管理

第十一条　根据药用植物生长发育要求,确定栽培适宜区域,并制定相应的种植规程。

第十二条　根据药用植物的营养特点及土壤的供肥能力,确定施肥种类、时间和数量,施用肥料的种类以有机肥为主,根据不同药用植物物种生长发育的需要有限度地使用化学肥料。

第十三条　允许施用经充分腐熟达到无害化卫生标准的农家肥。禁止施用城市生活垃圾、工业垃圾及医院垃圾和粪便。

第十四条　根据药用植物不同生长发育时期的需水规律

及气候条件、土壤水分状况,适时、合理灌溉和排水,保持土壤的良好通气条件。

第十五条　根据药用植物生长发育特性和不同的药用部位,加强田间管理,及时采取打顶、摘蕾、整枝修剪、覆盖遮荫等栽培措施,调控植株生长发育,提高药材质量,保持质量稳定。

第十六条　药用植物病虫害的防治应采取综合防治策略。如必须施用农药时,应按照《中华人民共和国农药管理条例》的规定,采用最小有效剂量并选用高效、低毒、低残留农药,以降低农药残留和重金属污染,保护生态环境。

第二节　药用动物养殖管理

第十七条　根据药用动物生存环境、食性、行为等特点及对环境的适应能力等,确定相应的养殖方式和方法,制定相应的养殖规程和管理制度。

第十八条　根据药用动物的季节活动、昼夜活动规律及不同生长周期和生理特点,科学配制饲料,定时定量投喂。适时适量地补充精料、维生素、矿物质及其他必要的添加剂,不得添加激素、类激素等添加剂。饲料及添加剂应无污染。

第十九条　药用动物养殖应视季节、气温、通气等情况,确定给水的时间及次数。草食动物应尽可能通过多食青绿多汁的饲料补充水分。

第二十条　根据药用动物栖息、行为等特性,建造具有一定空间的固定场所及必要的安全设施。

第二十一条　养殖环境应保持清洁卫生,建立消毒制度,并选用适当消毒剂对动物的生活场所、设备等进行定期消毒。加强对进入养殖场所人员的管理。

第二十二条　药用动物的疫病防治,应以预防为主,定期接种疫苗。

第二十三条 合理划分养殖区,对群饲药用动物要有适当密度。发现患病动物,应及时隔离。患传染病的动物应处死、火化或深埋。

第二十四条 根据养殖计划和育种需要,确定动物群的组成与结构,适时周转。

第二十五条 禁止将中毒、感染疫病的药用动物加工成中药材。

第五章 采收与初加工

第二十六条 野生或半野生药用动植物的采集应坚持"最大持续量"原则,应有计划地进行野生抚育、轮采与封育,以利于生物的繁衍与资源的更新。

第二十七条 根据产品质量及植物单位面积产量或动物养殖数量,并参考传统采收经验等因素确定适宜的采收时间(包括采收期、采收年限)和方法。

第二十八条 采收机械、器具应保持清洁、无污染,存放在无虫鼠害和畜禽的干燥场所。

第二十九条 采收及初加工过程中应尽可能排出非药用部分及异物,特别是杂草及有毒物质,剔除破损、腐烂变质的部分。

第三十条 药用部分采收后,经过拣选、清洗、切制或修整等适宜的加工,需干燥的应采用适宜的方法和技术迅速干燥,并控制温度和湿度,使中药材不受污染,有效成分不被破坏。

第三十一条 鲜用药材可采用冷藏、沙藏、罐贮、生物保鲜等适宜的保鲜方法,尽可能不使用保鲜剂和防腐剂。如必须使用时,应符合国家对食品添加剂的有关规定。

第三十二条　加工场地应清洁、通风、具有遮阳、防雨和防鼠虫及禽畜的设施。

第三十三条　地道药材应按传统方法进行加工。如有改动,应提供充分试验数据,不得影响药材质量。

第六章　包装、运输与贮藏

第三十四条　包装前再次检查并清除劣质品及异物。包装应按标准操作规程操作,并有批量包装记录,其内容应包括品名、规格、产地、批号、重量、包装工号、包装日期等。

第三十五条　所使用的包装材料应无污染、清洁、干燥、无破损,并符合药材质量要求。

第三十六条　在每件药材包装上,应注明品名、规格、产地、批号、包装日期、生产单位,并附有质量合格的标志。

第三十七条　易破碎的药材应装在坚固的箱盒内;毒性、麻醉性、贵重药材应使用特殊包装,并应贴上相应的标记。

第三十八条　药材批量运输时,不应与其他有毒、有害、易串味物质混装。运载容器应具有较好的通气性,以保持干燥,并应有防潮措施。

第三十九条　药材仓库应通风、干燥、避光,必要时安装空调及除湿设备,并具有防鼠、虫、禽畜的措施。地面应整洁、无缝隙、易清洁。

药材应存放在货架上,与墙壁保持足够距离,防止虫蛀、霉变、腐烂、泛油等现象发生,并定期检查。

在应用传统贮藏方法的同时,应注意选用现代贮藏保管新技术、新设备。

第七章　质量管理

第四十条　生产企业应设有质量管理部门,负责中药材生产全过程的监督管理和质量监控,并应配备与药材生产规模、品种检验要求相适应的人员、场所、仪器和设备。

第四十一条　质量管理部门的主要职责

(一)负责环境监测、卫生管理;

(二)负责生产资料、包装材料及药材的检验,并出具检验报告;

(三)负责制定培训计划,并监督实施;

(四)负责制定和管理质量文件,并对生产、包装、检验等各种原始记录进行管理。

第四十二条　药材包装前,质量检验部门应对每批药材,按中药材国家标准或经审核批准的中药材标准进行检验。检验项目应至少包括药材性状与鉴别、杂质、水分、灰分与酸不溶性灰分、浸出物、指标性成分或有效成分含量。农药残留量、重金属及微生物限度均应符合国家标准和有关规定。

第四十三条　检验报告应由检验人员、质量检验部门负责人签章。检验报告存档。

第四十四条　不合格的中药材不得出场和销售。

第八章　人员和设备

第四十五条　生产企业的技术负责人应有药学或农学、畜牧学等相关专业的大专以上学历,并有药材生产实践经验。

第四十六条　质量管理部门负责人应有大专以上学历,并有药材质量管理经验。

第四十七条　从事中药材生产的人员均应具有基本的中

药学、农学或畜牧学常识,并经生产技术、安全及卫生学知识培训。从事田间工作的人员应熟悉栽培技术,特别是农药的施用及防护技术;从事养殖的人员应熟悉养殖技术。

第四十八条 从事加工、包装、检验人员应定期进行健康检查,患有传染病、皮肤病或外伤性疾病等不得从事直接接触药材的工作。生产企业应配备专人负责环境卫生及个人卫生检查。

第四十九条 对从事中药材生产的有关人员应按本规范要求,定期培训与考核。

第五十条 中药材产地应设有厕所或盥洗室,排出物不应对环境及产品造成污染。

第五十一条 生产企业生产和检验用的仪器、仪表、量具、衡器等其适用范围和精密度应符合生产和检验的要求,有明显的状态标志,并定期校验。

第九章 文件管理

第五十二条 生产企业应有生产管理、质量管理等标准操作规程。

第五十三条 每种中药材的生产全过程均应详细记录,必要时可附照片或图像。记录应包括:

(一)种子、菌种和繁殖材料的来源;

(二)生产技术与过程:

1. 药用植物播种的时间、数量及面积;育苗、移栽以及肥料的种类、施用时间、施用量、施用方法;农药中包括杀虫剂、杀菌剂及除莠剂的种类、施用量、施用时间和方法等。

2. 药用动物养殖日志、周转计划、选配种记录、产仔或产卵记录、病例病志、死亡报告书、死亡登记表、检免疫统计表、饲料配合表、饲料消耗记录、谱系登记表、后裔鉴定表等。

3.药用部分的采收时间、采收量、鲜重和加工、干燥、干燥减重、运输、贮藏等。

4.气象资料及小气候的记录等。

5.药材的质量评价:药材性状及各项检测的记录。

第五十四条 所有原始记录、生产计划及执行情况、合同及协议书等均应存档,至少保存5年。档案资料应有专人保管。

第十章 附 则

第五十五条 本规范所用术语:

(一)中药材 指药用植物、动物的药用部分采收后经产地初加工形成的原料药材。

(二)中药材生产企业 指具有一定规模、按一定程序进行药用植物栽培或动物养殖、药材初加工、包装、贮存等生产过程的单位。

(三)最大持续产量 即不危害生态环境,可持续生产(采收)的最大产量。

(四)地道药材 指传统中药材中具有特定的种质、特定的产区或特定的生产技术和加工方法所生产的中药材。

(五)种子、菌种和繁殖材料 植物(含菌物)可供繁殖用的器官、组织、细胞等,菌物的菌丝、滋事体等,动物的种物、仔、卵等。

(六)病虫害综合防治 从生物与环境整体观点出发,本着预防为主的指导思想和安全、有效、经济、简便的原则,因地制宜,合理运用生物的、农业的、化学的方法及其他有效生态手段,把病虫的危害控制在经济阈值以下,以达到提高经济效益和生态效益之目的。

（七）半野生药用动植物　指野生或逸为野生的药用动植物辅以适当人工抚育和中耕、除草、施肥或喂料等管理的动植物种群。

第五十六条　本规范由国家药品监督管理局负责解释。

第五十七条　本规范自二〇〇二年六月一日起施行。

附录二　药用植物及制剂
进出口绿色行业标准

中华人民共和国对外贸易经济合作部公告
（2001 年 第 4 号）

前　言

《药用植物及制剂进出口绿色行业标准》是中华人民共和国对外经济贸易活动中，药用植物及其制剂进出口的重要质量标准之一。适用于药用植物原料及制剂的进出口品质检验。

本标准第四章为强制性内容，其余部分为推荐性内容。

本标准自 2001 年 7 月 1 日实施。

本标准由中国医药保健品进出口商会负责解释。

本标准由中国医药保健品进出口商会、中国医学科学院药用植物研究所、北京大学公共卫生学院、中国药品生物制品检定所、天津达仁堂制药厂负责起草。

本标准主要起草人：关立忠、陈建民、张宝旭、高天兵、徐晓阳。

1　范围

本标准规定了药用植物及制剂的绿色品质标准，包括药用植物原料、饮片、提取物，及其制剂等质量标准及检验方法。

本标准适用于药用植物原料及制剂的进出口品质检验。

2　术语

2.1　绿色药用植物及制剂

系指经检测符合特定标准的药用植物及其制剂。经专门机构认定，许可使用绿色标志。

2.2 植物药

系指用于医疗、保健目的的植物原料和植物提取物。

2.3 植物药制剂

系指经初步加工,以及提取纯化植物原料而成的制剂。

3 引用标准

下列标准包含的条文,通过本标准中可引用而构成本标准的条文。本标准出版时,所示版本均为有效。所有标准都会被修订,使用本标准的各方应探讨使用下列最新版本的可能性。

3.1 中华人民共和国药典 2000 版一部 附录 IX E 重金属检测方法

3.2 GB/T 5009.12—1996 食品中铅的检测方法(原子吸收光谱法)

3.3 GB/T 5009.15—1196 食品中镉的测定方法(原子吸收光谱法)

3.4 GB/T 5009.17—1996 食品中总汞的测定方法(冷原子吸收光谱法)(测汞仪法)

3.5 GB/T 5009.13—1996 食品中铜的测定方法(原子吸收光谱法)

3.6 GB/T 5009.11—1996 食品中总砷的测定方法

3.7 SN 0339—95 出口茶叶中黄曲霉毒素 B_1 的检验方法

3.8 中华人民共和国药典 2000 版一部 附录 IXQ 有机氯农药残留量测定法(附录 60)

3.9 中华人民共和国药典 2000 版一部 附录 XIIIC 微生物限度检查法

4 限量指标

4.1 重金属及砷盐

4.1.1 重金属总量 ≤20.0mg/kg

4.1.2 铅(Pb) ≤5.0mg/kg

4.1.3 镉(Cd) ≤0.3mg/kg

4.1.4 汞(Hg) ≤0.2mg/kg

4.1.5 铜(Cu) ≤20.0mg/kg

4.1.6 砷(As) ≤2.0mg/kg

4.2 黄曲霉毒素含量

4.2.1 黄曲霉毒素 B_1(Afatoxin) ≤5μg/kg(暂定)

4.3 农药残留量

4.3.1 六六六(BHC) ≤0.1mg/kg

4.3.2 DDT ≤0.1mg/kg

4.3.3 五氯硝基苯(PCNB) ≤0.1mg/kg

4.3.4 艾氏剂(Aldrin) ≤0.02mg/kg

4.4 微生物限度 个/克,个/毫升

参照中华人民共和国药典(2000年版)规定执行(注射剂除外)。

4.5 除以上标准外,其他质量应符合中华人民共和国药典(2000年)规定(如要求)。

5 检测方法

5.1 指标检验

5.1.1 重金属总量 中华人民共和国药典2000版一部:附录Ⅸ E 重金属检测方法

5.1.2 铅 GB/T 5009.12—1996食品中铅的检测方法(原子吸收光谱法)

5.1.3 镉 GB/T 5009.15—1196食品中镉的测定方

法（原子吸收光谱法）

5.1.4　总汞　GB/T 5009.17—1996 食品中总汞的测定方法（冷原子吸收光谱法）（测汞仪法）

5.1.5　铜　GB/T 5009.13—1996 食品中铜的测定方法（原子吸收光谱法）

5.1.6　总砷　GB/T 5009.11—1996 食品中总砷的测定方法

5.1.7　黄曲霉毒素 B_1（暂定）　SN 0339—95 出口茶叶中黄曲霉毒素 B_1 的检验方法

5.1.8　中华人民共和国药典 2000 版一部　附录 IXQ 有机氯农药残留量测定法（附录 60）

5.1.9　中华人民共和国药典 2000 版一部　附录 XIIIC 微生物限度检查法

5.2　其他理化检验

5.2.1　按中华人民共和国药典（2000 版）规定执行。

6　检测规则

6.1　进出口产品需按本标准经指定检验机构检验合格后，方可申请使用药用植物及制剂进出口绿色标志。

6.2　交收检验

6.2.1　交收检验取样方法及取样量参照中华人民共和国药典（2000 年版）有关规定执行。

6.2.2　交收检验项目，除上述标准指标外，还要检验理化指标（如要求）。

6.3　型式检验

6.3.1　对企业常年进出口的品牌产品和地产植物药材经指定检验机构化验，在规定的时间内药品质量稳定又有规范的药品品质保证体系，型式检验每半（壹）年进行一次，有下列情况之一,应进行复检。

　　A. 更改原料产地;

　　B. 配方及工艺有较大变化时;

　　C. 产品长期停产或停止出口后,恢复生产或出口时。

　　6.3.2　型式检验项目及取样同交收检验。

　　6.4　判定原则

　　检验结果全部符合本标准者,为绿色标准产品。否则,在该批次中抽取两份样品复验一次。若复验结果仍有一项不符合本标准规定,则判定该批产品为不符合绿色标准产品。

　　6.5　检验仲裁

　　对检验结果发生争议,由中国进出口商品检验技术研究所或中国药品生物制品检验所进行检验仲裁。

7　包装、标志、运输和贮存

　　7.1　包装容器

　　应该用干燥、清洁、无异味以及不影响品质的材料制成。包装要牢固、密封、防潮,能保护品质。包装材料应易回收、易降解。

　　7.2　标志

　　产品标签使用中国药用植物及制剂进出口绿色标志,具体执行应遵照中国医药保健品进出口商会有关规定。

　　7.3　运输

　　运输工具必须清洁、干燥、无异味、无污染,运输中应防雨、防潮、防暴晒、防污染,严禁与可能污染其品质的货物混装运输。

　　7.4　贮存

　　产品应贮存在清洁、干燥、阴凉、通风、无异味的专用仓库中。

主要参考文献

〔1〕 李向高．西洋参的研究[M]．北京：中国科学技术出版社，2001．

〔2〕 李方元．中国人参和西洋参[M]．北京：中国农业科学技术出版社，2002．

〔3〕 周新民，巩振辉．无公害蔬菜生产[M]．北京：中国农业出版社，2002．

〔4〕 刘义等．人参和西洋参抗衰老药理作用的对比研究[J]．中国药理学通报，1998，14（3）：286-287．

〔5〕 张莲芝，张莲英，染桂媛等．西洋参各部位中无机元素含量分析[J]．长春：白求恩医科大学学报，21（5）：498，1995．

〔6〕 李业恪，刘振环，崔东河．太阳能自然回流干燥室加工原皮西洋参技术研究[C]．长春：全国首届人参学术研讨会论文集．1990．

〔7〕 刘文芝，付建国等．中华人民共和国国家标准 西洋参袋泡茶分等质量标准[S]．GB/T 17356.5—1998，国家质量技术监督局 1998-05-07 发布．

〔8〕 李树殿，张聪等．中华人民共和国国家标准，西洋参加工产品分等质量[S]．GB/T 17356.1—1998，国家质量技术监督局 1998-05-07 发布．

〔9〕 李树殿，王刚等．中华人民共和国国家标准，冻干西洋参（活性西洋参）分等质量标准[S]．GB/T 17356.2—1998，国家质量技术监督局 1998-05-07 发布．

〔10〕 张聪,付建国等.中华人民共和国国家标准,西洋参片分等质量标准[S].GB/T 17356.3—1998,国家质量技术监督局 1998-05-07 发布.

〔11〕 罗振英,张崇宁等,中华人民共和国国家标准,西洋参片分等质量标准[S].GB/T 17356.4—1998,国家质量技术监督局 1998-05-07 发布.

〔12〕 张宝风等.西洋参、人参皂苷的抗心律失常作用[J].沈阳:沈阳药学院学报,1985,2(4):273.

〔13〕 赵光东,赵德化等.西洋参茎叶抗实验性心律失常作用[J].西安:第四军医大学学报.1987.8:309-312.

〔14〕 王铁生,贾志发,刘春华.原皮西洋参加工技术和工艺研究[J].人参研究(西洋参特辑)1990,(1):46.

〔15〕 王晓明等.人参三醇皂苷对大鼠心室肌细胞 L 型、T 型、B 型钙通道的阻滞作用[J].长春:白求恩医科大学学报.1993.19(2):119.

〔16〕 吕忠智等.西洋参茎叶皂苷对实验性心肌梗死的保护作用[J].长春:白求恩医科大学学报.1990.16(3):229.

〔17〕 赵明敏.人参叶粗提物对小鼠血清蛋白合成的影响[J].蚌埠:蚌埠医学院学报.1987.6(4):248.

〔18〕 崔德深等.西洋参[M].北京:科技出版社.1984.

〔19〕 郑毅男等.人参属植物止血成分比较研究[J].长春:吉林农业大学学报.1989.11(1):24-27.

〔20〕 潘鑫鑫等.人参、西洋参及三七总皂苷对大鼠血小板功能及血栓形成的抑制作用[J].中国药理学与毒理学杂志.1993.7(2):141-144.

〔21〕 李吉平等.西洋参茎叶皂苷对高脂大鼠血小板聚

集率及 SOD 活性的作用[J]．长春：白求恩医科大学学报．1996.22(4)：342-344.

〔22〕 横泽隆子等．国外医学中医中药分册[J]．1987.7(2)：144.

〔23〕 刘铁成．中国西洋参[M]．北京：人民卫生出版社．1995.

〔24〕 李静波等．人参茎叶皂苷与 Rb₁ 等受体对病毒复制的影响[J]．长春：白求恩医科大学学报．1992.18(1)：24.

〔25〕 杨世杰等．西洋参茎叶皂苷对豚鼠左心房收缩及右心房起搏点的作用[J]．长春：白求恩医科大学学报．1994.20(2)：122-124.

〔26〕 徐良．中国名贵药材规范化栽培与产业开发新技术[M]．北京．中国协和医科大学出版社，2001.